服装卖场
色彩营销设计

张剑峰 / 著

中国纺织出版社

内 容 提 要

本书包括色彩设计基础、服装卖场色彩营销构成要素、色彩设计方法与技巧、流行色应用以及陈列色彩设计管理四大块内容。首先，通过对配色基础、色彩工具应用、色彩关联性等色彩设计基础的分析，让色彩设计理性化、规律化且具创新性；其次，对服装卖场色彩营销的构成要素进行了分析，通过大量的案例比较，让色彩营销设计更加形象化；再次，对服装卖场色彩营销设计的原则、方法、技巧以及橱窗设计进行诠释，分析了流行色的成因及在卖场中的应用；最后，从管理上对服装卖场陈列手册的制作和执行进行了翔实的讲解。

本书对从事服装陈列行业的人员以及服装设计、店铺陈列人员来说都是一本较为实用的书籍。

图书在版编目（CIP）数据

服装卖场色彩营销设计 / 张剑峰著 . -- 北京：中国纺织出版社，2017.1（2019.9重印）

ISBN 978-7-5180-2979-2

Ⅰ. ①服… Ⅱ. ①张… Ⅲ. ① 服装—专业商店—室内色彩—设计 Ⅳ. ① TS942.8

中国版本图书馆 CIP 数据核字（2016）第 225473 号

策划编辑：张 程　　责任编辑：陈静杰　　责任校对：王花妮

责任设计：何 建　　责任印制：王艳丽

中国纺织出版社出版发行
地址：北京市朝阳区百子湾东里 A407 号楼　邮政编码：100124
销售电话：010 — 67004422　传真：010 — 87155801
http: //www.c-textilep.com
E-mail: faxing@c-textilep.com
中国纺织出版社天猫旗舰店
官方微博 http: //weibo.com/2119887771
北京利丰雅高长城印刷有限公司印刷　各地新华书店经销
2017 年 1 月第 1 版　2019 年 9 月第 2 次印刷
开本：787 × 1092　1/16　印张：13.5
字数：125 千字　定价：68.00 元

凡购本书，如有缺页、倒页、脱页，由本社图书营销中心调换

前 言

2009 年，身处中国服装前沿的宁波服装行业蓬勃发展，当时急需服装陈列设计的人才，学校领导抓住时机，开设了服装陈列与营销专业方向。2011 年学校委任我负责服装陈列与展示设计专业的建设工作。我从一个服装行业前端的服装设计师到负责终端的服装陈列师，虽不离服装行业，但是所需的专业知识和技能跨度还是很大的。非常庆幸的是，之前六年企业服装设计总监的经历，让我能将服装产品开发前端和终端营销结合起来思考品牌的建设，并能注重了解消费者的心理需求和引导消费者的服装需求。在这五年时间里，我得到行业和企业朋友的鼎力支持，使自己跟随行业的转型熟悉了陈列行业人才知识的架构。

在此期间，我对色彩产生了兴趣，研究消费者的着装色彩心理成为我的一大爱好。对企业的色彩、陈列方面的培训，与企业进行色彩设计、服装产品设计方面的合作，在色彩方面的研究、感悟与学习，加强了我对色彩的理解和应用。

服装陈列行业与色彩有着紧密的联系。“陈列促进销售”主要还是由于色彩的主体刺激了消费者的感官，让消费者心动。市场上关于陈列方面的书籍在色彩方面的阐述比较简单。一直以来想将自己这几年在色彩与服装陈列方面的研究成果总结出来，普及色彩的日常应用，让更多的陈列人员应用色彩更好地实施陈列。“色彩在视觉上能影响物体的重量、尺寸、距离和表面效果，色彩通过色相和明度差异能把主体与它的装饰背景分开并定位，使人眼能够辨别出它们在空间中的不同位置。”通过近几年色彩与陈列方面的研究，我意识到通过色彩一方面能够更好地展示陈列，另一方面还可以更好地了解消费者，挖掘消费者的喜好与潜能。

在一次企业培训中，一位设计主管对我说，“老师，上次去上海培训时，我终于弄清楚了色彩的明度和纯度。色彩的明度是色彩与黑色相调，色彩的纯度是色彩与白色相调。”听了她的话，我反思很久。之后在色彩教学中，我会花很长的时间讲色彩的三属性，色彩的明度、纯度、色相以及配色特点和案例应用，因为这些是色彩的基础。在写这本书的时候，我同样用较多的篇幅写色彩基础的环节。在实践色彩的时候，通过色彩工具进行色彩分析是很好的方法，希望通过此书把它介绍给朋友们，以便能够更好地进行色彩的归类和搭配。但是值得我们一起去探讨的是，当一个设计思想成为一种模式的时候，它可以作为我们去衡量设计的标准，但也可能会成为我们创新思维的一种约束。比如通过色彩关联性的色彩分析工具，可以很快较准确地提炼某些设计的共同元素，让我们在设计的时候不太会偏离整体的设计方向，对策划和规划方案起到很好的作用，但是如果我们过分依赖，就会缺乏创新意识了。因为，服装是时尚产业，时尚的其中一个特征就是要有变化，所以在保留风格和传统的过程中要不断创新与突破。

在本书中，阐述了服装卖场色彩营销设计中的灯光、橱窗、店铺形象、装饰道具、POP等要素，并对此展开了分析。讲述了流行色以及如何读懂流行色的成因和配色特点；流行色与色彩营销之间的关系。通过一定的篇幅阐述了服装卖场色彩营销的方法、技巧。比如在实际的操作中，一个货架或仓位的色彩设计做起来比较简单，可是货架与货架之间、整个店铺的陈列做起来就比较难了，在此也介绍了方法与技巧。橱窗设计是卖场色彩营销设计的窗口，用一个章节将橱窗设计的创新点，设计方法，以及设计与实施进行了阐述。好的想法、好的策划最后是落实到执行与管理，服装卖场色彩营销设计执行管理就是阐述这方面的内容。

写这本书的时候，刚开始定的题目是“服装陈列色彩设计”，在与企业接触、与市场接触之后，体会到仅仅是陈列设计还不能更好地说明色彩设计在服装陈列中的重要性，应该特别强调色彩设计的营销价值，于是最后将书名改为“服装卖场色彩营销设计”，它能更好地将色彩与人（消费者）、物、市场之间的关系体现出来。

这本书写了一年多，写书的过程中专业知识的提升让自己收获了喜悦和满足。用书中的知识给企业培训，进行项目合作，让自己的专业知识和技能得到了实践的检验。在此非常感谢帮助支持我的朋友们。最需要感谢的是王梅珍院长，她对色彩教育的重视让我有更多的机会和时间去接触色彩和学习，结识国内外色彩专家。北京的缪维老师可以说是我色彩教育的启蒙老师和带路人，他60岁开始钻研色彩的精神更是深深地感动着我。感谢我工作的单位，给我搭建了很好的学习平台。感谢企业的朋友周琦成、魏文波、阿K、王群霞、段炼、曹志豹，还有温州大学的韩阳教授。感谢我的学生郑行义为我提供图片。在这里特别致谢我的朋友肖阳，他是水彩画家，之前做过平面设计，在写橱窗设计一章时，我专门和他有一个关于创作的谈话，对我启发很大。感谢中国纺织出版社的编辑张程老师，与她合作一直很愉快。还要感谢我的先生和女儿一直以来对我工作的支持。

张剑峰

2016年3月于宁波

目　录

第一章 概述

电子商务的兴起正在改变人们的消费行为，销售模式发生了翻天覆地的变化。市场全球化、信息一体化和消费行为的成熟，百货商场与品牌之间的合作正在从管理者的模式悄悄转向合作者的模式，商场从单纯的经营销售模式慢慢转向集文化与物质于一体的体验式销售模式。百货商场和品牌要想在新的一轮竞争中脱颖而出，更需要注重“以人为本”，在对消费者充分了解的前提下完善营销策略，以最大程度吸引目标和潜在的消费群体。

特定的卖场——店铺，不管是百货商场还是独立店铺或是网上销售店铺，他们中的任何一种形式都是产品、价格、分销、沟通、服务所有营销的组合。线下店铺（实体店铺）与线上店铺（电子商务）最大的不同在于线下店铺可以让顾客在店铺的实体环境中有各种对产品、服务体验式的情感互动，这是线上店铺所缺少的。
研究表明，在服装卖场中进入消费者视线和情感最早的是色彩。本书通过对店铺内所有关于色彩视觉元素的探讨，说明色彩营销是如何进行传播；如何深入消费者的心田；如何以情景式体验让消费者产生情感上的互动和联想的。

第一节　服装卖场色彩营销设计的概念、意义与作用

一、服装卖场色彩营销设计的概念

服装卖场色彩营销设计是指以充分了解、分析和研究消费者消费心理和消费行为为前提，通过一定的设计美学，对店铺内的道具、灯光、空间、色彩、产品信息、服饰搭配、橱窗、POP 广告等进行设计，清晰地将消费者需要的相关信息提供给消费者。

二、服装卖场色彩营销设计的意义

（一）实用价值

1. 增强色彩营销价值

美国市场营销协会（AMA）研究的“七秒钟色彩理论”，即对一个人或一件商品的认识，在七秒钟之内以色彩的形态留在人们的印象里。七秒钟色彩理论是色彩营销的基本理论之一。这一理论向我们表明，色彩是很多消费者根据第一印象决定购买的关键性因素。在企业不增加成本的情况下，它通过合适的色彩营销带来巨大经济价值，是提高服装品牌竞争力的重要因素。

2. 提高服装品牌竞争力

我国正在经历品牌转型升级的关键时期，品牌公司有意识地加强对消费者的吸引，通过卖场的色彩营销加强与消费者的情感互动和联系，提高品牌在市场中的竞争力。

3. 提升设计创新文化价值

设计创新、文化创新、科技创新是 21 世纪主要竞争力。品牌从制造到智造的转变就是要加强和提升设计创造力，服装品牌企业不能再一味地去模仿和追随国外品牌的陈列模式，而是需要有自己的设计创新文化，将设计创新文化放在品牌竞争和品牌拓展的重要战略层面上去考虑。

（二）理论意义

本研究以服装卖场店铺中的色彩为主线，对服装卖场色彩营销的要素进行充分的分析，

从色彩设计基础到色彩在店铺中的各种应用，如服装搭配、服装陈列、店铺环境设计、店铺空间设计、流行色应用、橱窗设计、店铺色彩规划以及服装卖场色彩营销设计的构成要素，服装卖场色彩关联性设计与创新、服装卖场色彩营销设计陈列原则和方法及技巧等都提供了详细的理论依据和充分的案例说明，对服装品牌及店铺经营者有一定的理论和实践的借鉴作用，以加强国内的服装品牌在全球范围内的竞争力。

三、服装卖场色彩营销设计的作用

服装卖场色彩营销设计，需要以终端卖场的色彩整体设计为前提进行前端的色彩规划，保证服装品牌在终端卖场的品牌形象整体协调有序，以色彩为营销提升品牌对消费者分析判断的能力，进一步提高品牌销售业绩，同时提升服装品牌整体色彩策划和运作的能力，进而提升卖场从业者整体的色彩营销素养。

第二节　国内外服装卖场色彩营销沿革

一、国内外色彩营销沿革

最早提出色彩营销理论的是美国卡洛尔·杰克逊女士，20 世纪 80 年代她提出“四季色彩理论”，即通过分析消费者肤色、发色个体的自然生理特征，将上百种颜色按四季色的冷暖分为两大基调，四大色彩系列。如春季和秋季的色系是以黄色为基调，夏季和冬季是以蓝色为基调。春季色是透明的，干净的；秋季色则是厚实的，混浊的；夏季色是清凉的，舒适的；冬季色则是冷峻的，明朗的。每个色系都是一个配色和谐的搭配群，便于色彩组合的实践和运用，可用于促进产品销售，达到营销目的。这种为个人诊断的“色彩营销”，20 世纪末被欧美等国越来越广泛地应用到其他行业中，如商品橱窗设计、商品陈列设计、产品及包装设计、企业品牌形象设计、广告宣传、城市色彩规划等。

四季色彩理论倡导和谐的配色，给设计师的配色带来便捷。当然也有设计师在应用中发现夏季色由于粉灰色调比较难以掌控，不易于市场推广。当然这种为个人诊断的“色彩营销”当时的研究对象是以欧美人为主，对亚洲人来说不太适用。

国外另一种色彩理论是美国市场营销学会（AMA）提出的“七秒钟色彩”理论，它的研究表明：产品能瞬间进入消费者视野并留下印象的时间是 0.67 秒，而色彩占第一印象的主要地位，决定购买过程的 60%。更多成功的案例表明，好的色彩设计，将会产生商业上的成功。如苹果公司采用极简约的白色让消费者喜欢上了苹果手机，获得成功。为了让品牌深入人心，品牌形象采用 CI 策划，统一标准色、统一包装色、统一店铺形象来传播品牌，让品牌色调在消费者心中打下烙印。由此可见，色彩策略在企业营销活动中的运用越来越频繁，已成为企业获得竞争优势的一个重要手段。

国内引进色彩营销理论的时间并不长，大约有十几年的时间。从国内外服装行业的职业岗位和分类可以看出，差距还是很大，国外服装行业的职业分工很细，有服装设计师、服装陈列师、橱窗设计师、服装搭配师、色彩搭配师、灯光师等；国内服装行业中除了服装设计师之外，服装陈列师在十几年的发展中被逐渐认可，但是独立的橱窗设计师、服装搭配师、色彩搭配师这样的岗位在大多企业还没有设立。

根据对国内市场的调研，在转型升级过程中做得好的品牌往往是创意、设计见长的品牌，尤其是品牌公司在实际操作中设立了视觉营销中心、形象推广中心，或者陈列中心，名称不一，终极效果显示越是涵盖广、部门之间联系紧密的公司，越是在本次转型升级中做得成功的。

在服装品牌转型升级的过程中，国内服装品牌纷纷以色彩营销理论为依据，在公司中设立了视觉营销中心，形象推广中心或者陈列中心等，重视终端卖场形象的设计、规划及产品终端陈设，加强品牌在国内外的竞争力。

二、视觉营销与色彩营销

视觉营销（Visual Merchandising and Display），简称 VMD，其概念最早在美国体系化成立，含义是商品的政策和战略变成视觉展现。通过对顾客的分析，将商店的货物通过视觉营销的手段销售，从设计美学、色彩、灯光、空间、产品信息、以及新技术——数字显示器和互动装置，结合广告、橱窗、室内设计、陈列和销售等，将企业所提供的商品信息清晰地提供给顾客，使陈列成为推广品牌形象、销售产品、与顾客创建情感的媒介。

视觉营销很早就有，如在肉店门头上挂着肉，典当铺门口写着“典”等字样，都是视觉营销的一种宣传方式，这仅仅是一个宣传的告知功能。随着产品同类化的情况越来越多、消费者消费价值观的不断提升，人们购买商品除了物质的需求之外，更多的是满足情感上的体验和需求，也就是说，现代意义上的视觉营销既是对品牌或商品的宣传，更是对消费者精神和文化层面的一种引导。

色彩营销（Color Marketing）是视觉营销的一个部分，是在充分了解、分析、研究消费者心理和消费行为的基础上，以恰当的色彩做消费者所想所需的店铺环境和商品包装，使商品高情感化。

三、色彩营销与消费者

色彩营销就是要在短时间内抓住消费者的心，引起消费者的购买欲望，并与消费者建立良好的互动关系。比如利用流行色彩进行营销就是为了满足那些追随时尚的消费者喜新厌旧的心理特点。店铺场景式的色彩营销让顾客有一种置身于生活或梦想中的某个场景中，享受精神上满足的愉悦感。

色彩营销通过故事性、场景式、生活方式等形式，让消费者进入到体验式、情感式的营销模式中，如有些店铺以开展主题沙龙、会所制的形式来吸引消费者，通过消费者互动的体验营造出生活和艺术的氛围，让消费者享受到生活的乐趣。这种生活式的营销让商品不再是物质层面的被动形式，而成了消费者精神层面的生活满足。

第二章 / 色彩设计基础

色彩不仅因着色彩本身吸引受众并掀起的情感交融，更主要通过色彩与材质、形状、图案的结合，在一个特定的环境中，一种特定的氛围里彰显魅力。

第一节 认知色彩

生活中无处不存在色彩。每天早晨，只要一睁开眼睛，就能体会到色彩给我们带来的各种情绪。天气晴朗，色彩艳丽明快，心情愉悦；天气阴沉，天空如蒙上一层灰色的薄雾，心情也随之低落。生活中有些色彩看到后令人心情愉悦，有些色彩则令人心情紧张，有些色彩让人感到舒服，有些色彩让人感觉甜美，有些色彩让人觉得笨重。同样一件服装，买的时候很喜欢，可回家之后穿在身上却是那么的别扭；在网上看到一件中意的服装，可拿回家之后色彩区别很大。可见色彩里有太多的学问。

一、色彩与生活

（一）色彩与光

没有光，人们就看不见任何东西，就没有色彩，也没有形状。

黑白照片令人有一种怀旧之感，可如果生活中只是黑白的世界，很难想象生活还会不会如此多姿多彩。

色彩和光是相融的。如，黄昏拍摄的落日照片很美，画面呈暖暖的橙红色调；中午拍摄的照片让人感觉比较生硬，阳光直照，色彩呈青白色调，这跟色温 [色温（Colour Temperature）用温度表述光源所发出光的颜色的一种方法，用 K（Kelvin 开尔文）表示。以照相机为例，色温（K 标识）数字越大色彩偏向蓝色，数字越小偏向橙色。] 有关，如图 2-1 所示。

图 2-1 色彩与光

店铺里众多的品牌

用灯光调节着顾客的情绪。时尚品牌大多采用强度高、色温高的白炽灯，在深色背景下的服装经强光照射，形成又酷又炫的神秘感；休闲品牌大多采用色温低的暖色投射灯，结合普通的照明灯，形成明亮、温馨的感觉，如图 2–2 所示。

图 2–2　色彩与品牌

色彩不仅随着光线的强弱、色温的高低发生变化，也随着光的色彩变化而变化。因为店铺灯光的色温，在店铺里试穿服装令人变得更美了。

（二）色彩在对比中产生

色彩不会孤立存在，是在对比之中产生的。同色异谱的色彩理论说明，同一种色彩在不同的环境中会产生不同的色感，如图 2–3 所示，黄色在黄色的群体里并不会特别显现出来，会融合在黄色里产生强调的黄色调；黄色在黑色的对比中特别醒目，色彩这种醒目的对比关系在日常生活中被应用，如交通警告用的标识色彩。黄色和补色紫色对比时显得比与其他的色彩对比时更加活跃和谐，这是“补色平衡理论”的关系，即视力需要有相应的补色来对任何特定的色彩进行平衡。互补色是色彩和谐的基础，在配色中当色彩对比过分暧昧、缺乏生气时，可以通过互补色的对比以提高色彩感染力；黄色与红色对比时，会显得更加活跃，是最为喜庆的一组配色。

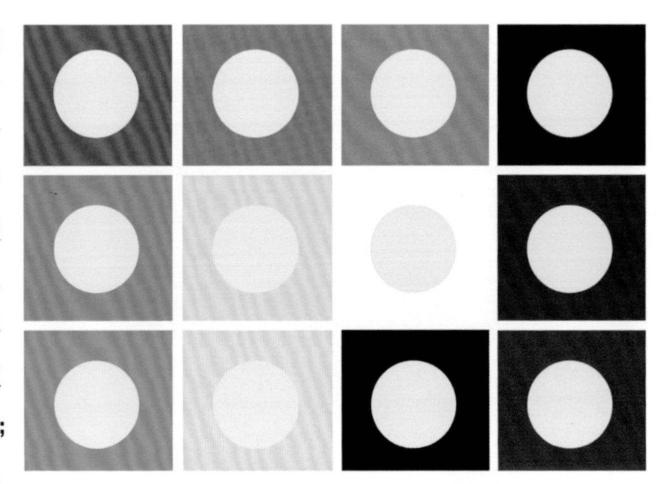

图 2-3　色彩是在对比中产生的

（三）色彩是搭配出来的

梵高说过：“没有不好的色彩，只有不好的搭配。”从众多的艺术家作品中可以看到，美的画面往往色彩是和谐的，也就是色与色之间构成了完美的搭配，如图 2-4 所示。图 2-5 所示的是博物馆唐代艺术品的陈列，背景怀旧的色调加之暖色的光与展品的韵味融合在一起，更好地衬托了展品。可见，色彩的美是搭配出来的。

图 2-4　活泼趣味的色彩搭配设计

图 2-5　怀旧的色彩搭配设计

（四）色彩通过组合形成一种调性

色彩通过组合形成一种格调，营造出不同的氛围，或安静、或甜润、或凉快、或温暖、或冷艳、或活跃、或愉快、或摩登、或时尚……不管怎样，这种色彩关系所产生的色调，形成一种情绪，与受众进行情感上的交流，如图 2-6 所示。

温暖、热烈、奔放

冷艳、静谧、精致

图 2-6　色彩通过组合形成一种调性

（五）色彩与形状、材质、面积的关系

色彩不会独立存在，它依附于材质、形状之中，还跟色彩面积的大小有关，如图 2-7 所示，同样是一组白色的服装搭配，由于服装的风格、形状、材质、面积大小不同，给人的感觉也是不一样的，差距很大。

前卫

职业时尚

职业优雅

职业个性

时尚个性

图 2-7　色彩与形状、材质的关系

（六）色彩与个性爱好有关

人们对色彩的喜好是基于个人的经验、文化、职业、性格、爱好、环境、个性、信仰等因素。有些人喜欢协调搭配的色彩，有些人喜欢对比明快的色彩，有些人喜欢干净的色彩，有些人则喜欢动感的色彩。不同的色彩喜好倾诉了不同的情感需求，如图 2-8 所示。

现代、简约

优雅、时尚

图 2-8　色彩与个性着装

（七）挖掘色彩的潜能

对于很多人而言，大多时候他们对色彩的喜好是基于保守的心理。作者做过多次试验，当拿出红色问被测试者时，喜欢的人很少，将红色用于各种物品进行多样的搭配时，喜好红色的人数就骤然增加。从这个试验中发现，人们对于自己显性的色彩喜好比较了解，据相关数据显示为 20%，而对于隐性的、潜在的色彩喜好还可以无限挖掘，如图 2-9 所示。

图 2-9　挖掘色彩的潜能

二、色彩基础

（一）色光和色料

色彩分为色光的色彩和色料的色彩。

1. 色光的色彩

色光的色彩是物理属性，具有不同的波长和频率。

色光的三原色是红、绿、蓝。色光的混合属于加法混合。在相加色系中，红加绿为黄色，红加蓝为洋红色，绿加蓝为青蓝色，三色混合成为白色，如图 2-10 所示。电视机、电脑等电子用品就是运用色光原理进行设计。

2. 色料的色彩

色料的色彩是化学属性。色料的三原色是洋红、青蓝、黄。色料混合属于减法混合。在减法色系中，洋红加青蓝是蓝紫色，洋红加黄是橙色，青蓝加黄是绿色，三色混合成为黑色，如图 2-11 所示。色料混合被广泛运用在印刷行业中。

三原色是原始的色彩，不能由其他色彩相调而得。

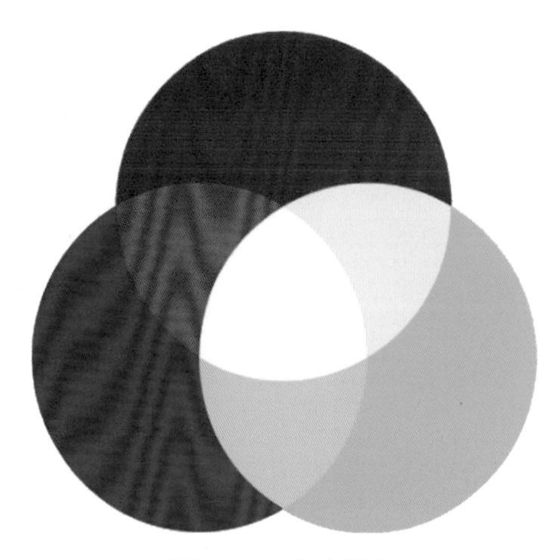
图 2-10　色光混合

图 2-11　色料混合

（二）有彩色与无彩色

色彩可以分为无彩色和有彩色。无彩色是黑白灰，有彩色是色相环上的色彩，如图 2-12 所示。

无彩色

有彩色

图 2-12　无彩色和有彩色

（三）色彩三属性

不管是色光色彩还是色料色彩，都有色彩的三属性，色彩三属性的原理是一样的。色彩三属性由色相、明度和纯度组成。

1. 色相

色相是色彩相貌，如图 2-13 所示，由红花绿叶分解出来它的色相色。

图 2-13　色相

如图 2–14 所示，某橱窗陈列看似丰富的色彩，其实只有一个色相色——红色。

2. 明度

明度是色彩的明亮程度。从色彩明暗程度上去理解色彩关系，可以分为高明度、中明度及低明度。在设计中，不同的明度对比营造不同的感觉，或轻盈、或柔和、或明朗、或神秘、或沉重等，如图 2–15 所示。

图 2–14　同一色相色

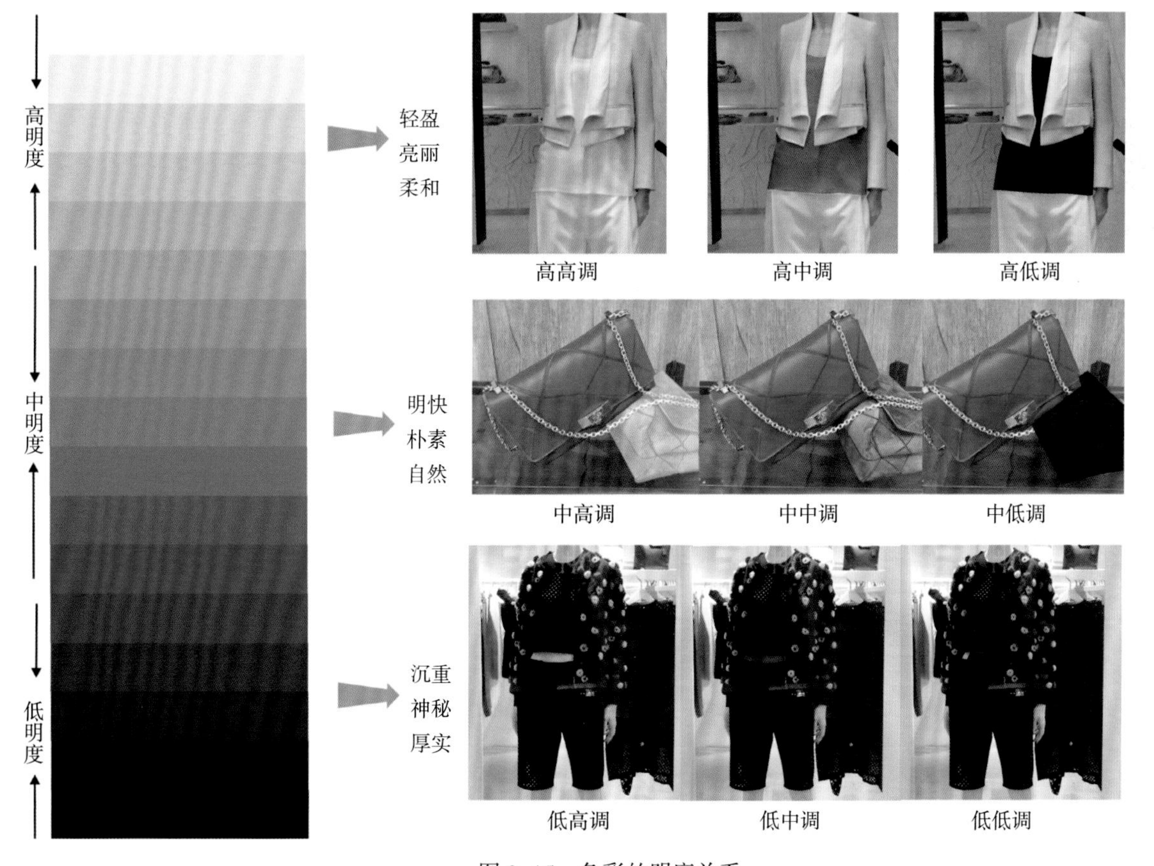

图 2–15　色彩的明度关系

3. 纯度

纯度是色彩的鲜艳程度。也曾被称作艳度、饱和度等。越是鲜艳的色彩个性越明显，越显华丽和清爽；越是靠近灰色的色彩越浑浊，越显质朴和稳重，如图 2-16 所示。

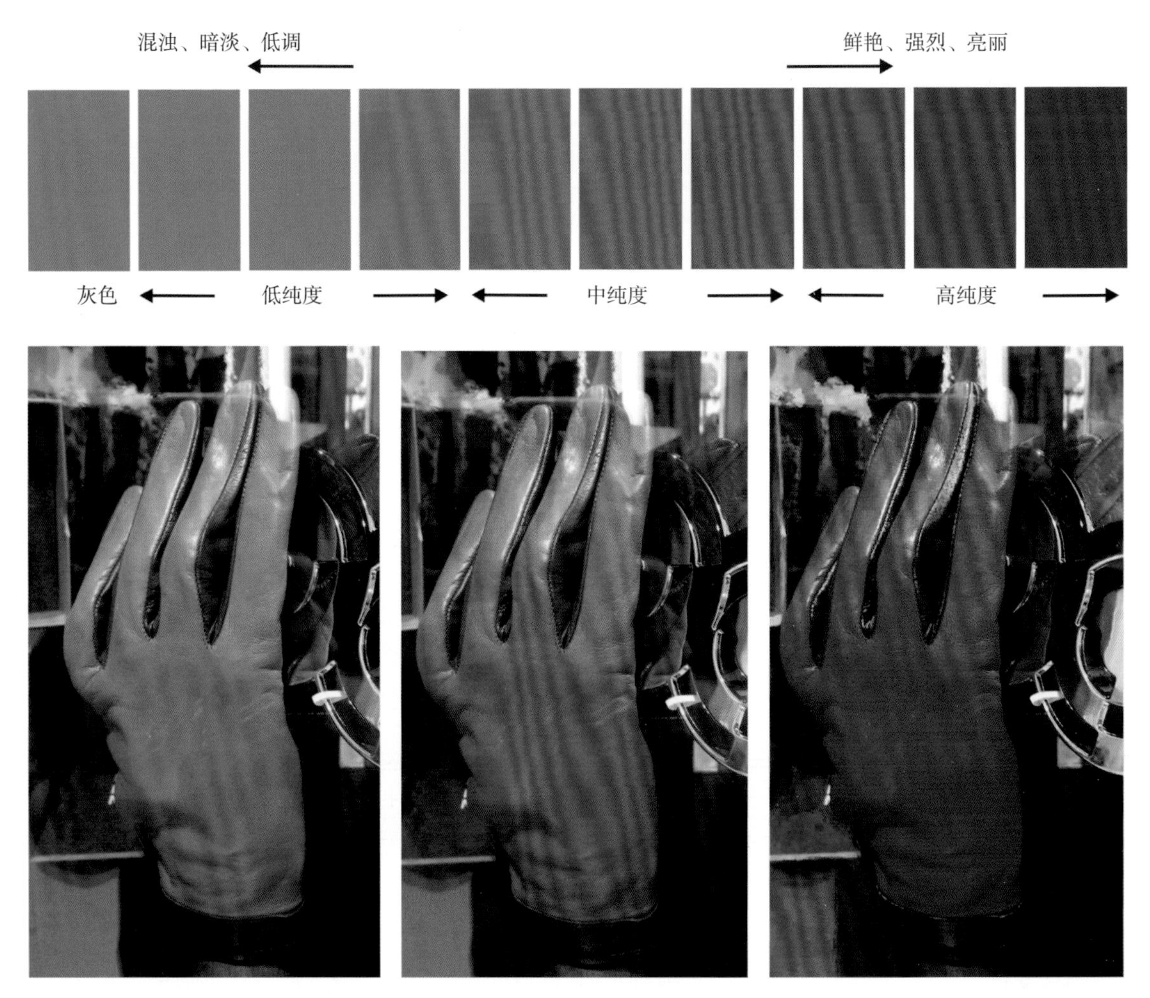

图 2-16　色彩的纯度关系

第二节　认识色彩工具

对于色彩设计、色彩搭配的工作者而言，运用好色彩工具，利用色彩工具进行分析和设计色彩，将有益于色彩搭配能力的提升。

一、色相环

1. 色相环便于色彩分析

色相环便于对色彩的分析，方便色彩设计和色彩运用。

2. 每个色彩之间都有等量色彩调和

色相环中每个色彩之间都有等量的色彩调和，如图2–17所示。

3. 色彩的共通性

色相环中越是相邻的颜色，共性成分越多，越显得和谐，如图2–18所示。

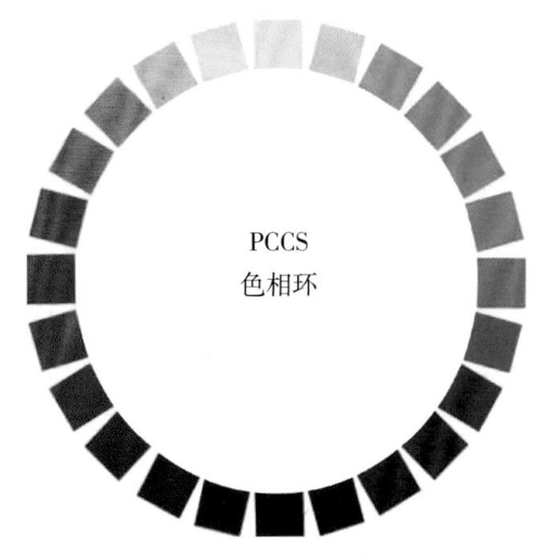

图2–17　日本PCCS色相环

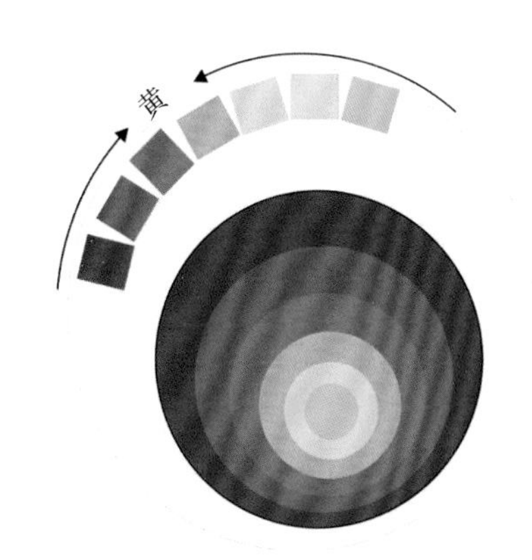

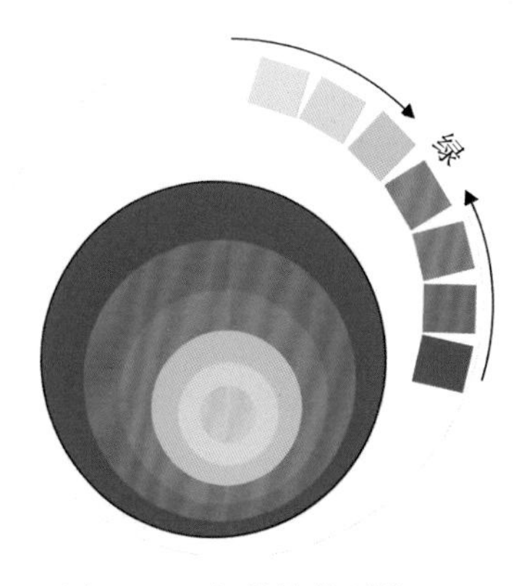

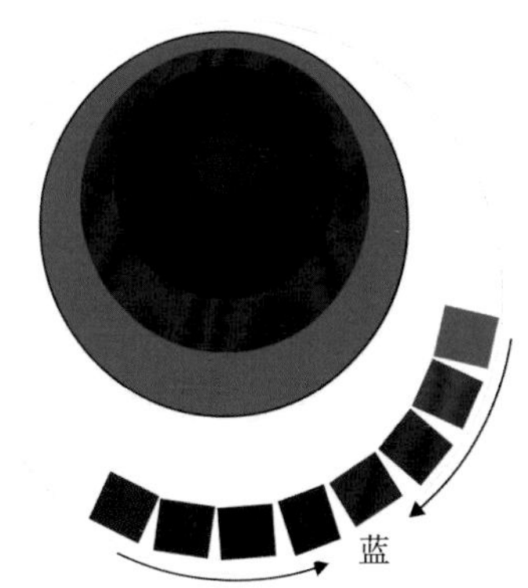

图2–18　色彩的共通性

4. 色彩的和谐与对比

色相环上距离越近的色彩越协调；距离越远的色彩对比性越强，如图2–19所示。

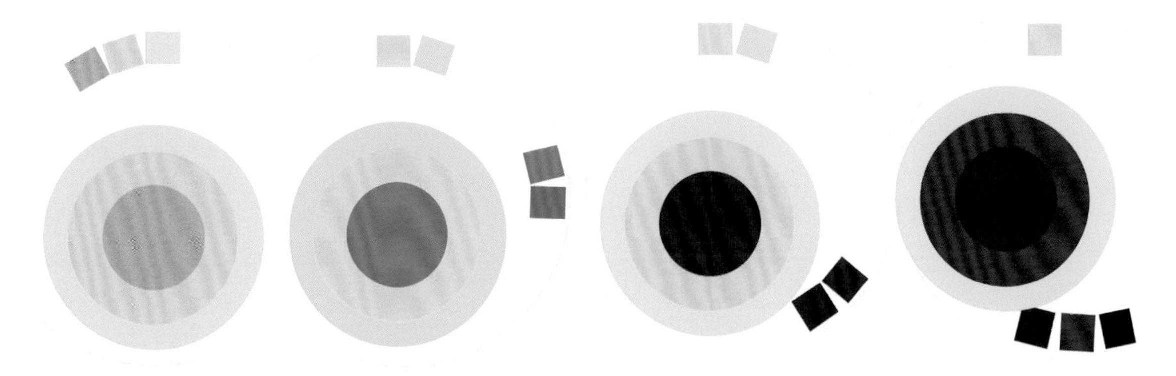

图 2–19　色相环上色彩距离变化产生的色彩比较

5. 补色对比

色相环中呈对角关系的色彩为补色色彩。补色关系的色彩是当你注视某一色彩之后，影像之中会出现它的补色，这种对比创造的和谐美感常常用在艺术创作和设计之中，如图 2–20 所示。

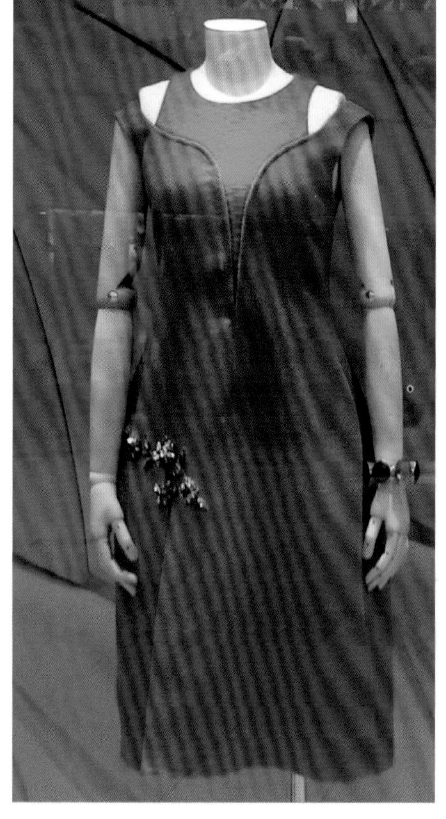

图 2–20　补色色彩关系

二、色调图

当说蓝色时，每个人所呈现出来的蓝色都不一样的。为了能科学理性地分析色彩，以数据化的形式描述色彩，反映出来的颜色就是同一个。

色调图是通过对色相、明度、纯度综合分析，将颜色客观化的系统性产物。本书中所采用的色调图是以日本 PCCS 的色彩体系为色彩工具，该体系多用于平面设计。这里需要说明的一点是，每一个体系表示的方法都有所不同，但原理还是一样的。

1. 日本 PCCS 体系

按日本 PCCS 体系色调图，将有彩色分成 12 个组，无彩色分为 5 个组，如图 2–21 所示。

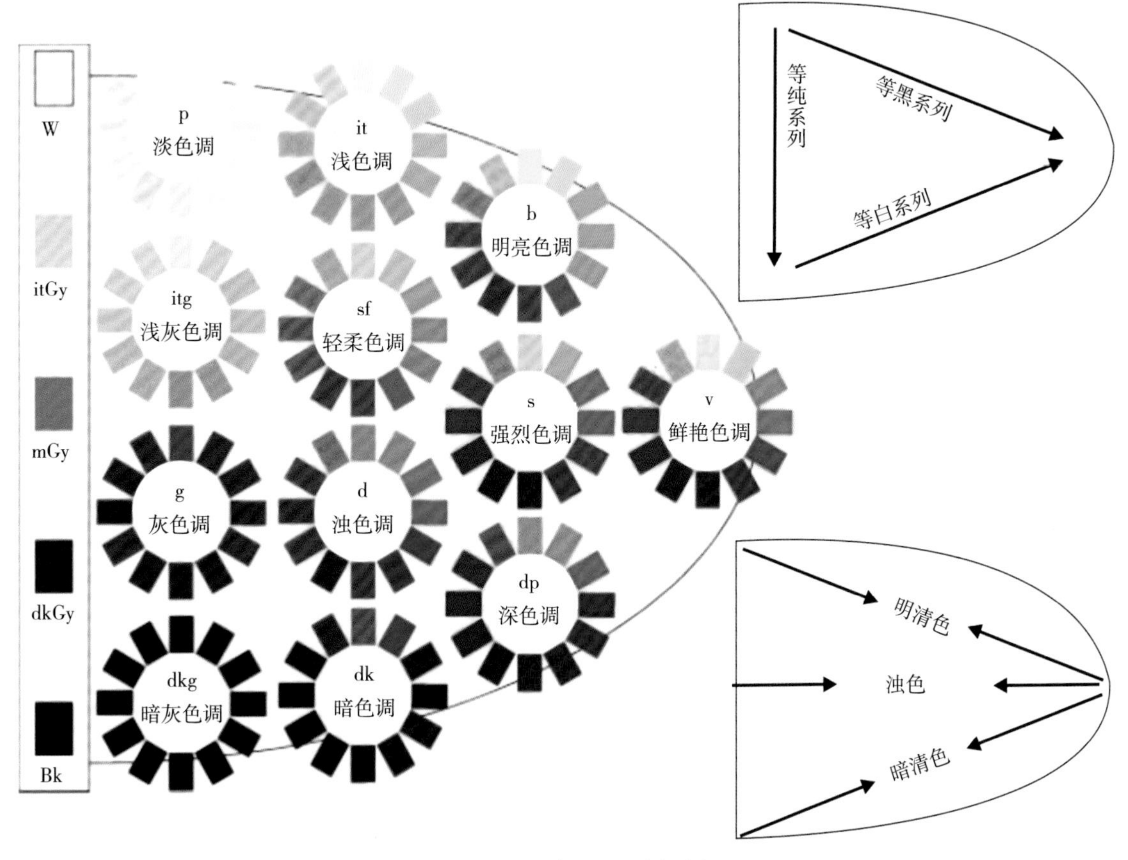

图 2-21 日本 PCCS 色调图

2. 纯色与白、黑调和

纯色与白或黑调和呈明清色或暗清色，跟灰色调和则呈浊色。色相环上的颜色是一个色相中纯度最为饱和的颜色，如图 2-22 所示。

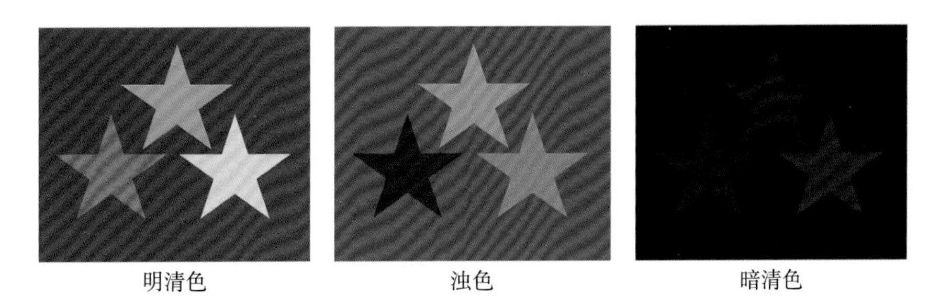

图 2-22 明清色、浊色与暗清色

3. 等黑、等白、等纯系列

等黑系列是指黑度一样，等白系列是指白度一样，等纯系列是指灰度一样。同是等白、等黑、等纯的则是色位一样，属于同一色调，如图 2-23 所示。

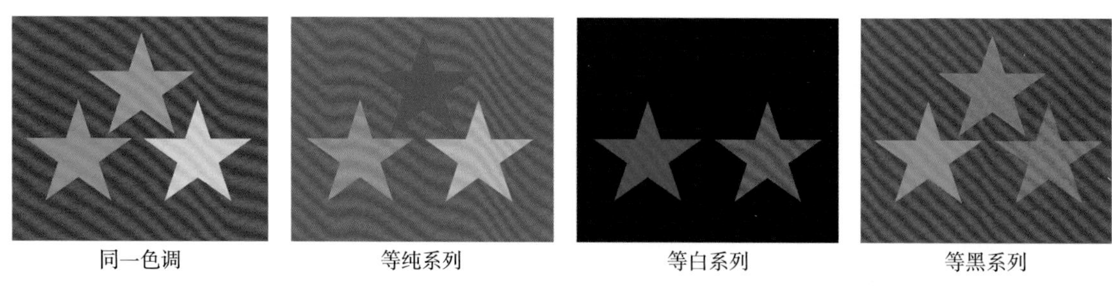

图 2-23　同一色调、等纯系列、等白系列与等黑系列

4. 色调图与性格

色调图中纯度越高的色调色相性格特点越明显，视觉冲击力强。纯度越低的色调性格特点越不明显，视觉冲击力弱。如图 2-24 所示。

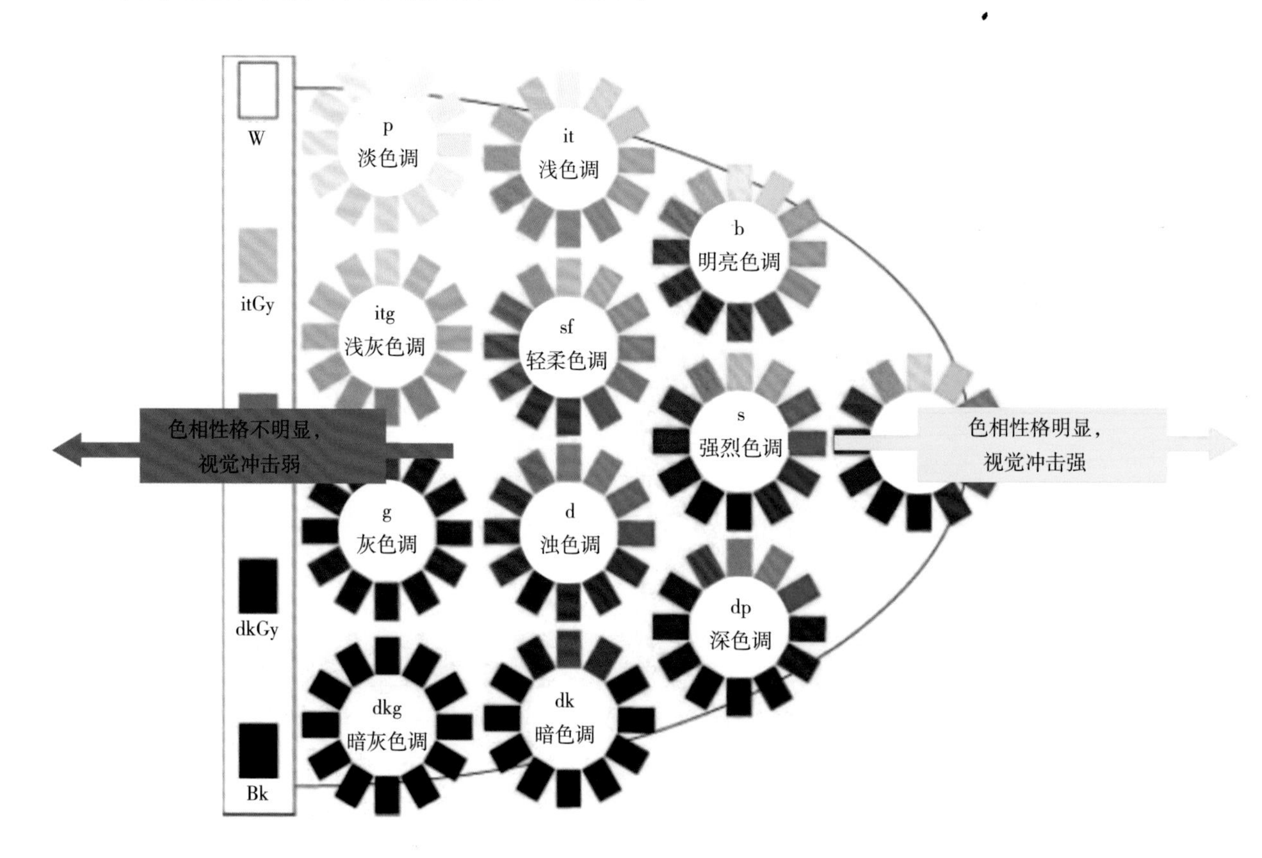

图 2-24　色调图与性格

三、色调区域分类

将 PCCS 色调根据色彩相关联的特点，分成五组区域色调情感：亲近感、力动感、洗练感、信赖感及自然感，这种分法跟瑞典 NCS 色彩体系的色位情感较为相似，如图 2-25、图 2-26 所示。

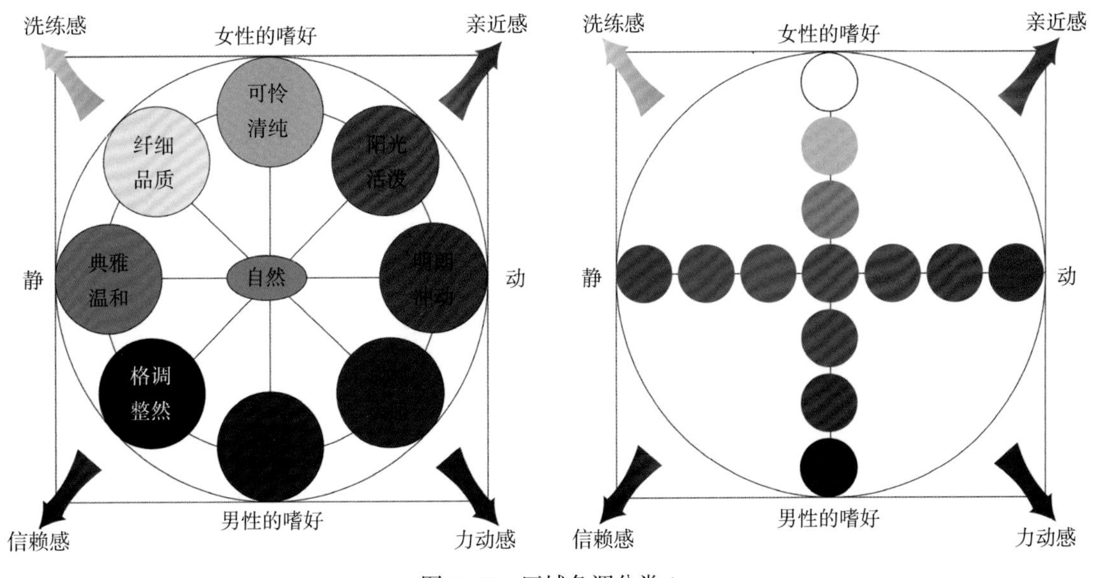

图 2-25　区域色调分类 1

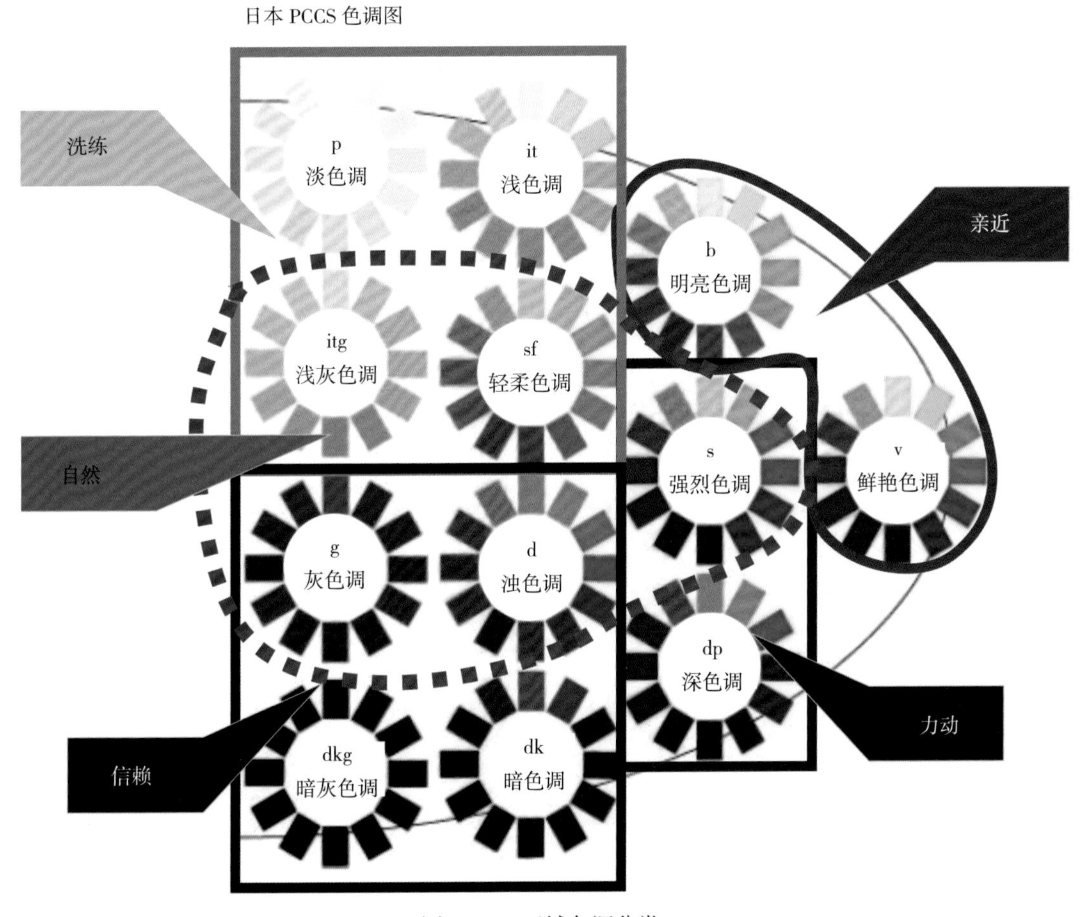

图 2-26　区域色调分类 2

图 2–27　亲近感区域：明快、亲近、活力

1. 亲近感

纯色色调和纯色色调中混合了少量白色的色调区域，由于色彩干净、清澈、明快、给人容易亲近、充满活力、轻松愉悦、年轻的感觉，为亲近感色调区域，如图 2–27 所示。

图 2–28　力动感区域：充实、华丽、运动、结实

2. 力动感

纯色色调混合少量黑色和纯色色调混合少量灰色的色彩区域，由于色彩有一定的黑度，给人有味道的、力量的、结实的、运动的、充实的和华丽的感觉，为力动感色调，如图 2–28 所示。

3. 信赖感

纯色色调混合大量的黑色和纯色色调混合大量的灰色的色调区域，色相情感淡化，显得厚重，给人以信赖、摩登、冷静、敏锐、稳重的感觉，为信赖色调区域，如图 2-29 所示。

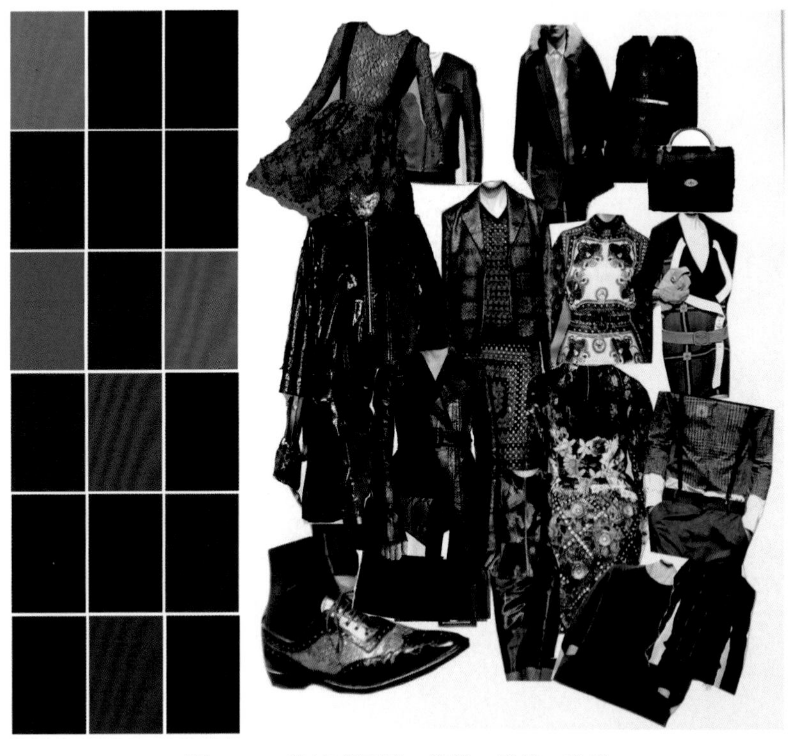

图 2-29　信赖感区域：信赖、摩登、稳重

4. 洗练感

纯色色调混合大量白色和纯色色调混合大量灰色的色调区域，色相情感淡化，显得优雅，给人以洗练、温雅、娴静、雅致的感觉，为洗练感色调区域，如图 2-30 所示。

图 2-30　洗练感区域：优雅、雅致、娴静、洗练

5. 自然感

纯色色调混合不同灰色的色调区域，色彩柔和、朴素、自然、雅致，给人轻松、闲适、自然、休闲的感觉，为自然感色调区域，如图 2–31 所示。

图 2–31　自然感区域：自然、休闲、朴素

四、色彩地图

为了便于对色彩的理解，我们将暖色和冷色分开进行色彩坐标设计，图参考日本 1981(株) 日本色彩设计研究所。

(1) 暖色给人华丽之感，冷色给人清爽之感，而中间浊色则给人稳重之感，如图 2–32 所示。

(2) 越往上越轻盈、柔和，越往下越厚重、结实，中间从上至下依次则是浪漫、闲适、舒适、自然、精致、力动、考究、正式等，如图 2–33 所示。

(3) 根据上述图 2–32 与图 2–33 的概念，将典型风格与色彩坐标进行关联，如图 2–34、图 2–35 所示。

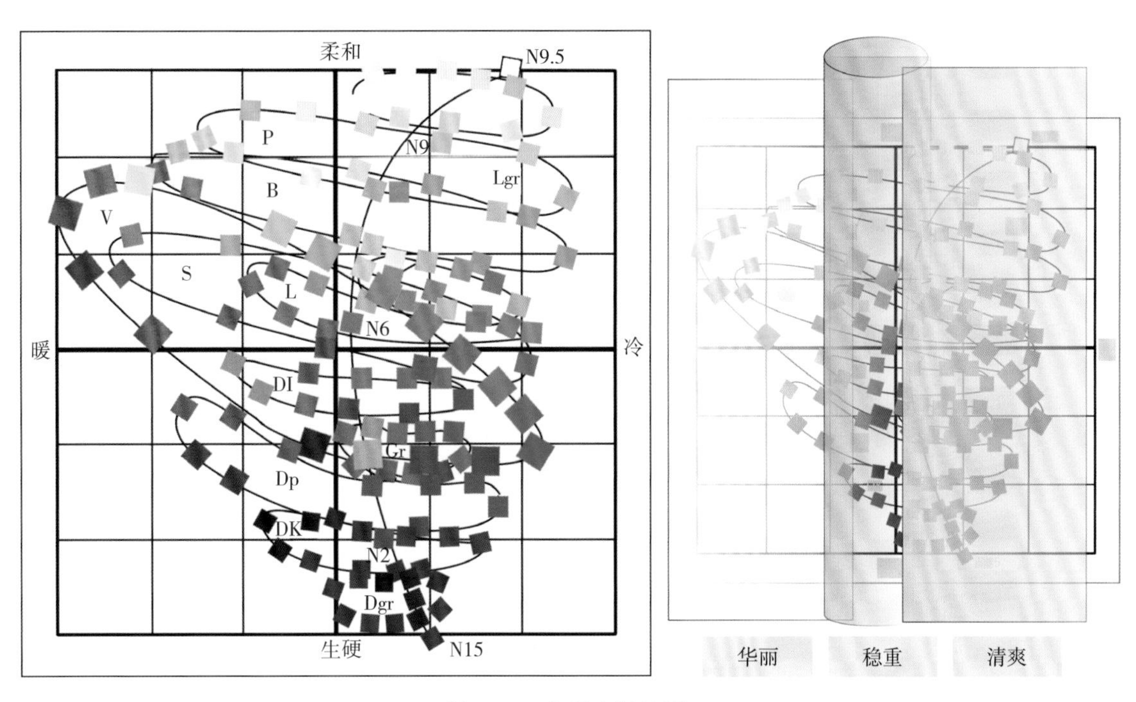

图 2-32　色彩坐标地图 1

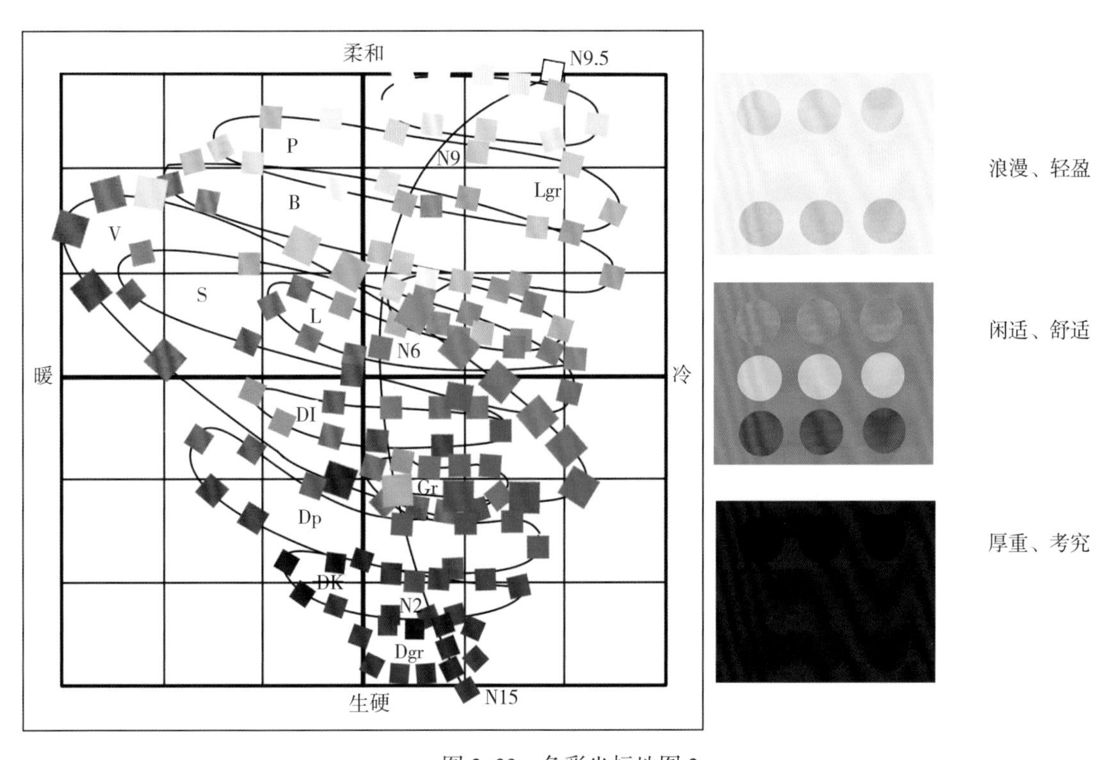

图 2-33　色彩坐标地图 2

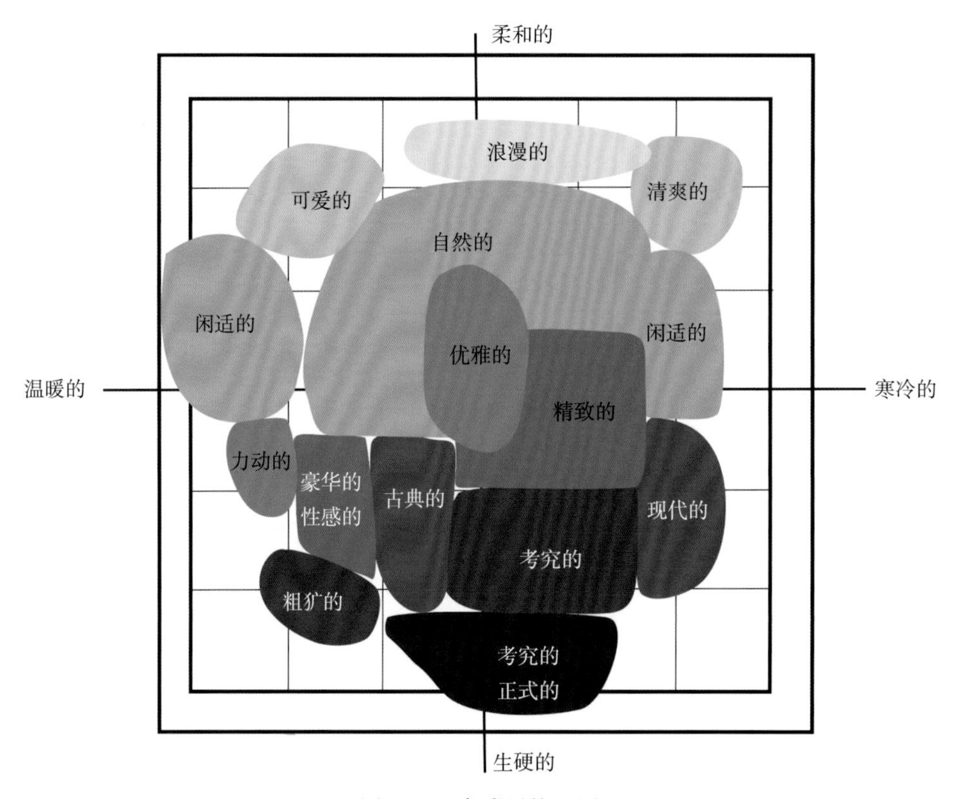

图 2-34 色彩风格地图

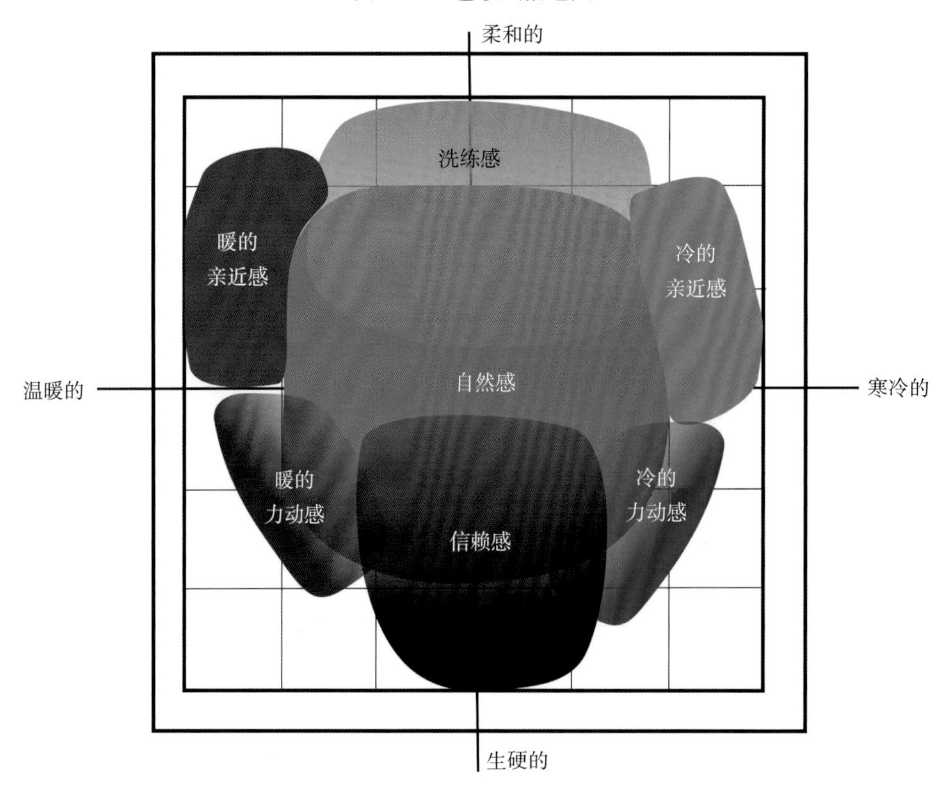

图 2-35 色彩地图与色彩区域关联性

第三节　色彩性格与用色心理

色彩影响人们的情绪，也影响人们的消费行为。色彩情感不能只从色彩的字面上来讨论，色相一旦在色度上发生变化，物体的形状、材质、肌理与之相搭配的色彩环境、空间发生变化，都会让色彩情感发生变化。除此之外，色彩情感还从心理、生理、文化、艺术、宗教等方面得到体现。因而，了解色彩情感有助于更好地将色彩应用在营销战略层面中。

一、色相情感

（一）红色

红色是三原色之一，如图 2–36 所示。

提到红色，马上会让人联想到血和火，生命和热量。在原始时代，血等同于灵魂，在小说情节中，兄弟结拜，将各自的血滴在酒中，象征将生命和灵魂交融在一起。

红色是最为原始的一个色彩，在原始时代被用来避邪、驱邪。有些风俗现在依然流传，如结婚的时候，嫁妆系上红色羊毛绒，过年时贴上红色的对联，人到本命年穿戴红色的内衣裤等。

图 2–36　红色

红色是脚踏实地的色彩，这是因研究植物精油的人们发现植物根部大多是红色的，并牢牢扎根于土地。

从物理学角度看，红色是波长最长的色彩，也是感知度最高的色彩，有一股蓄势待发的能量，能够带来视觉上的强力冲击。因此，红色常被用于交通警示的标识，具有警示、警告、提醒的作用。

在心理学上，红色能加快肾上腺素的分泌，激起人的激情、斗志，令人精力旺盛，给人刺激、兴奋、热情、活跃、快乐、紧迫、愤怒的感觉，如图 2–37 所示。因此，在人们情绪低落时，建议穿戴红色的服装和饰品，增强自身的活力。反之，烦躁不安、愤怒时则尽量避免穿戴红色服饰。

图 2-37　红色给人的感觉

1. 红色与白色搭配

红色与白色搭配充满了活力，红色中混合了一些白色，变成粉红色，显得可爱、年轻，有活力，如图 2-38 所示。

图 2-38　活力、年轻、可爱的感觉

2. 红色与黑色搭配

红色搭配黑色显得热情，红色混合黑色之后，显得妩媚，有力量感，高级感，如图 2-39 所示。

图 2-39　热情、妩媚、高级的感觉

3. 红色与灰色搭配

红色加上少量的灰色，显得成熟、温暖，仿佛妈妈慈祥的爱，中国明清时代红木家具就是这种红色，2015 年 PANTONE 预测流行的玛拉莎红也是加了少量灰色的红色，如图 2-40 所示。

图 2-40　成熟、温暖

4. 高纯度红色与高纯度黄色搭配

高纯度的红色与高纯度的黄色搭配，是最为喜庆的一种搭配。在喜庆的日子常会采用这种色彩搭配。如将黄色改为金色，则在喜庆、活力之中增加了奢侈和高贵之感，如图 2-41 所示。

图 2-41　喜庆、活力、高贵

（二）橙色

红色加上黄色得到橙色，橙色既有红色的热情，也有黄色的乐观，如图 2-42 所示。

提到橙色会马上想到橙子，意识中是维生素 C，是一种天然的能量。

橙子最早产于印度，橙色是佛教的代表色，庙宇、僧衣多为橙色，象征了彻悟，是佛教修行的最高境界。橙色也是爱尔兰人喜好的色彩，象征了忠诚。

橙色在物理学上属于长波长，波长仅次于红色。

橙色是欢快活跃的光辉色彩，是暖色系中最温暖的色彩。橙色给人活泼欢快的感觉，常用于表现欢乐、愉悦的主题，是一种容易博得人们好感的色彩，因此可作为用于治愈心理的色彩。在心理学上，橙色令人产生温暖、年轻、时尚、勇气、活力的感觉。

美丽的晚霞是橙色的，人的肤色大多也是橙色基调，因此，很多化妆品的广告用橙色代言，彰显滋润、活力和魅力。

纯度高的橙色给人活力、勇气、时尚之感，如图 2-43 所示。

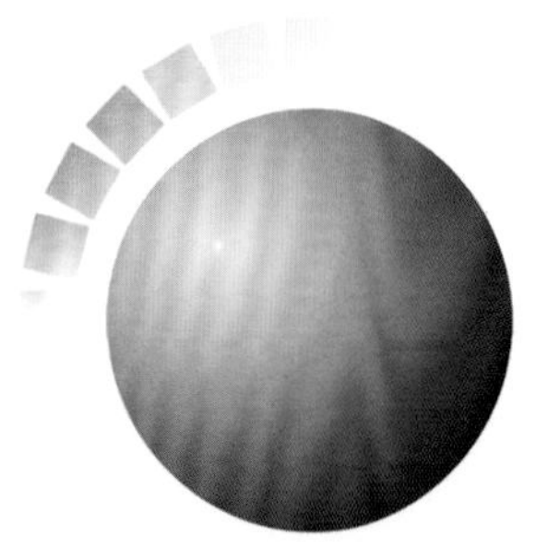

图 2-42　橙色

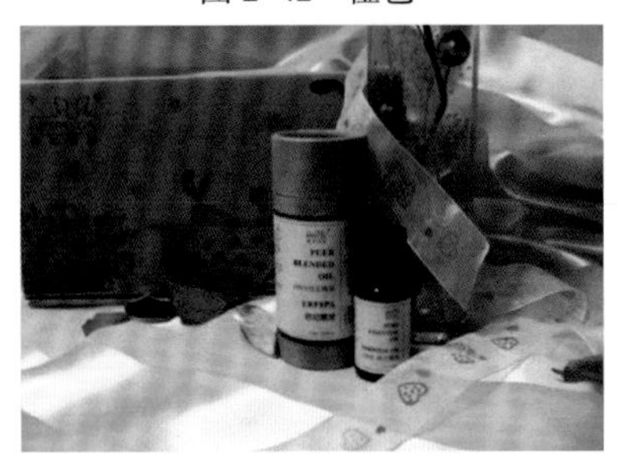

图 2-43　橙色给人愉悦、温暖、活力、时尚之感

1. 橙色与白色

橙色加上大量的白色或米白色，是以前欧美权贵人士的服装选色。当时，由于红色化学染料的发明，权贵人士没有了穿鲜艳红色的优势，于是改穿浅色系，以显优雅、闲适、温柔，如图 2–44 所示。

图 2–44 优雅、温柔的配色

2. 橙色与灰色

橙色加上少量的浅灰色，呈自然的木色，给人温馨、舒适、朴素、自然之感，如图 2–45 所示。

图 2–45 舒适、温馨、自然

3. 橙色与黑色

（1）橙色加上适量的黑色，呈小麦色，显出健康和力量感，如图 2–46 所示。

（2）橙色加上大量的黑色，呈咖啡色，显得男性、力量感和稳重。很多时候咖啡色配上白色或米色，在家居色彩设计中被用作高级感的配色，如图 2–47 所示。

图 2-46　健康、力量

图 2-47　稳重、高级感

（三）黄色

黄色是三原色之一，如图 2-48 所示。

提到黄色想到最多的是太阳，让人联想到热量、阳光、舒适、乐观。

黄色在物理学上属于长波长，是在色相环上明度最高的色彩。黄色和黑色搭配，成为最醒目的色彩组合，经常被用作交通警告的标识色彩。

黄色在中国古代是帝王衣着的色彩。

黄色是反光最强烈的颜色，散发着活泼开朗、幸福喜悦的气息。黄色象征着光明，在人心理上产生快乐、明朗、积极、年轻、活力、轻松、辉煌、警示的感受，如图 2-49 所示。

图 2-48　黄色

黄色是非常不稳定的色彩，一旦加上黑色，它的色感马上变化，经常被初学者认为是绿色。

图 2–49　积极、明朗、年轻

1. 黄色加白色

黄色加上大量的白色，显得淡雅、轻柔，如孩子般的稚嫩。如图 2–50 所示。

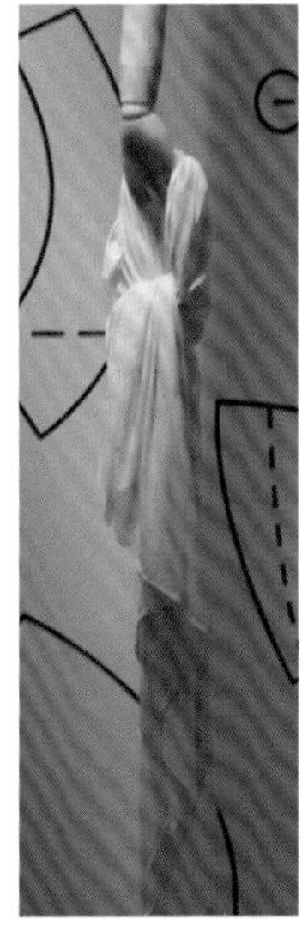

图 2–50　淡雅、轻柔

图 2-51　复古、稳重的配色

图 2-52　奢华、贵重的配色

图 2-53　华丽、热烈

2. 黄色加黑色

黄色加上中量的黑色，成为棕色，显得健康、复古、自然。如图 2-51 所示。

黄色加之少量的黑色，成为金色、奢侈、豪华，如图 2-52 所示。

红色、橙色、黄色都是暖色调，纯度高的暖色调给人华丽感，如图 2-53 所示。

（四）绿色

绿色是黄色和蓝色的混合，给人和平、友善的感觉，如图 2-54 所示。

绿色让人们想起了树木、森林，有一种自然的、茂盛的生命力之感。如巴西的国旗是黄色和绿色，其中绿色代表了巴西繁茂的森林，黄色代表了巴西富饶的矿产，取之不尽的自然资源给巴西丰足的能源。

绿色在物理学上属于中波长，象征着自然、青春和生命。同时它也是有治愈功能的色彩，能抵抗压力、抚慰心灵。绿色让人在心理上产生健康、新鲜、舒适、天然的感觉。因此，

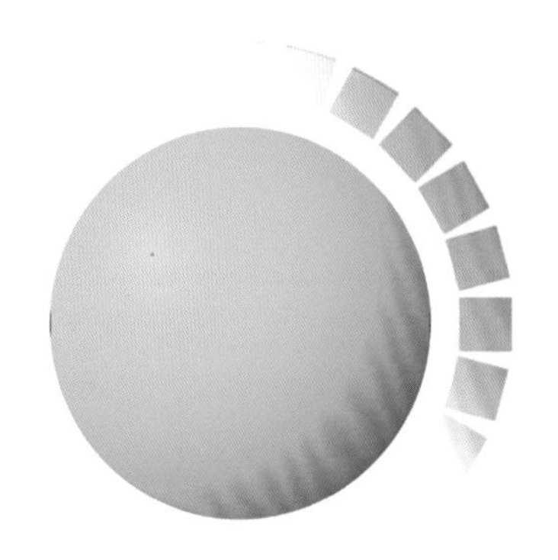

图 2-54 绿色

在一些补水的化妆品中，经常会用绿色作为宣传色和包装色。

纯度高的绿色给人生命、健康、活力、精神之感，如图 2-55 所示。

1. 绿色与白色

绿色加上少量的白色，给人干净、自然、清爽、活力之感，如图 2-56 所示。

2. 绿色与灰色

绿色加上适量的灰色，呈橄榄绿色，给人成熟、稳重、自然、生命力之感，如图 2-57 所示。

3. 绿色与黑色

绿色加上适量的黑色，有力量、稳重之感，如图 2-58 所示。

4. 绿色偏蓝色

绿色偏蓝色，则显得人工的、神秘的、时尚的。在一些科技电影中看到的宇宙外人物经常是蓝绿色的肤色塑造，如图 2-59 所示。

图 2-55 健康、活力、精神

图 2-56 自然、清爽、活力

图 2-57 成熟、稳重、舒适

图 2–58　力量、稳重

图 2–59　人工、神秘、时尚

（五）蓝色

蓝色是三原色之一，如图 2–60 所示。

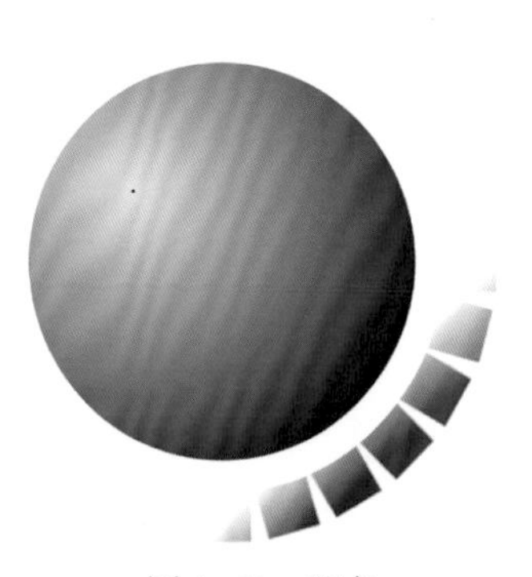

图 2–60　蓝色

提到蓝色会让人联想到广阔的天空和无边无际的大海，让人感受到那份包容和智慧。

在早期宗教题材的绘画中，用昂贵的天青石研制的蓝色用在基督和圣母玛丽亚的服装中，象征着至高无上。

蓝色是忠诚的色彩，英国皇室重大节日中佩带的蓝色绶带就是代表了忠诚和最高的权威。

蓝色在物理学上属于短波长，是一种冷静且敏感的颜色。

在心理学中，蓝色令人产生清爽、透明、寒冷、冷静、通透、信赖的感觉。蓝色也常常被用于高科技产品的用色设计中，象征着科技感和现代感。

1. 高纯度蓝色

高纯度的蓝色清澈、晶莹、时尚、现代，如图 2–61 所示。

2. 蓝色与白色

蓝色加上大量白色，给人清爽、雅致、透明之感，如图 2–62 所示。

图 2–61　清澈、晶莹、时尚、现代

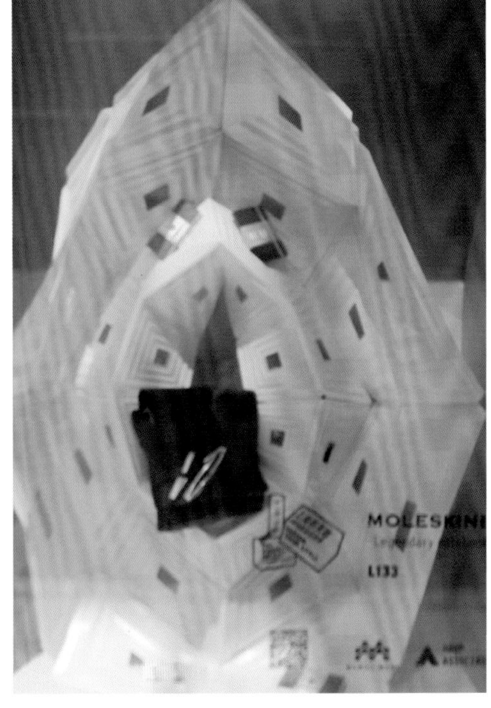

图 2–62　清爽、雅致、透明

3. 蓝色与灰色

蓝色混合大量的灰色，给人洗练、雅致、安静之感，如图 2-63 所示。

图 2-63　洗练、雅致

4. 蓝色与黑色

蓝色加上黑色，显得有沉淀、深邃、大气、冷静之感，如图 2-64 所示。

无论是蓝色还是绿色，让人联想到的都是广阔的景象，如天空、大海、森林、草原……尤其是蓝色更是有无垠之感。而暖色联想到的大多是具象的

图 2-64　冷静、信赖

个体，比较实在，如太阳、橙子、火焰……因此，在传统的文化中，根据男性和女性在社会中角色以及思维模式的不同，往往将冷色与男性联系起来，暖色与女性联系起来。

（六）紫色

紫色是红色与蓝色的混合，看上去红色成分少些，隐藏在蓝色的后面，如图 2-65 所示。

紫色由于它的神秘感，经常被用于具有神秘效果的包装或广告设计中。紫色也常被心理专家用于治疗心理疾病。

提起紫色令人想到紫丁香，一种可以帮助睡眠的植物。对于经常失眠的现代人来说，紫色的功效不言而喻，这也是 2014 年紫色被选为流行色的三大原因之一。

紫色在过去也是最高权威的色彩，这与生产紫色的原料昂贵及数量极少有关系。

图 2-65　紫色

紫色是宗教的颜色，在基督教中，紫色象征着至高无上；犹太教服装和圣器上经常使用紫色；天主教称紫色为主教色，紫色代表着神圣、尊贵、慈爱。

在过去，紫色是比金色还高贵的色彩。紫色是高贵且奢华的色彩，是灵性之色，常表现女性的浪漫、优雅和多愁善感以及富贵、豪华。在心理上让人产生高尚、雅致、妩媚、女性化、神秘和阴沉的感觉。

紫色是认真、神秘、高贵的色彩，如图 2-66 所示。

图 2-66　认真、神秘、高贵

图 2-67　浪漫、高贵

1. 紫色与白色

紫色加上大量的白色，显得浪漫、高贵，如图 2-67 所示。

2. 紫色与黑色

紫色加上大量黑色，显得神秘、深沉、忧郁，如图 2-68 所示。

（七）黑色、白色、灰色

黑色、白色、灰色是一组无彩色系。

1. 白色

白色是所有色光的混合，代表了无限的能量。如图 2-69 所示，白色给人以纯洁、纯粹、清爽、透明、轻盈、单纯、正义、平等、空旷、开放之感。

2. 黑色

黑色是所有色料的混合，代表了深沉和神秘。如图 2-69 所示，黑色给人以神秘、高尚、精密、实用、失望、恐怖、封闭、有深度、有力度的意象。

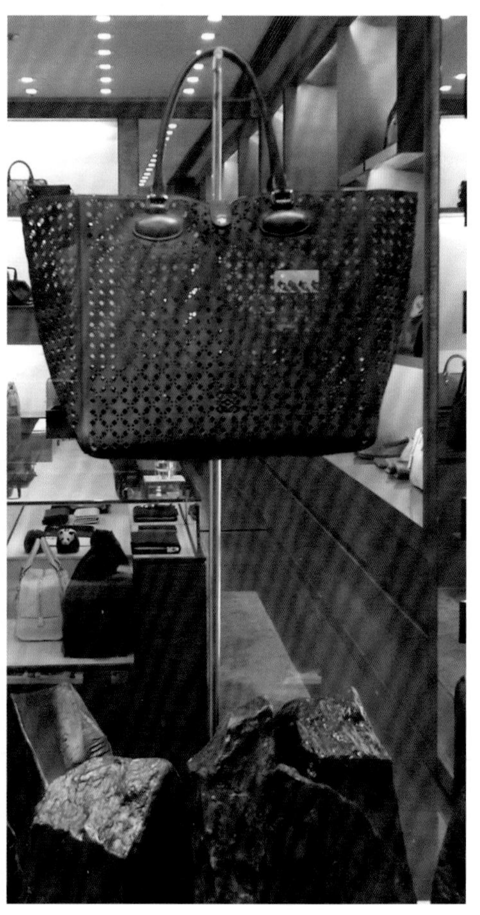

图 2-68　神秘、深沉

图 2-69　白色的纯净，黑色的深沉

3. 灰色

灰色是白色和黑色的调和，白色、黑色量的多少呈现出不同的灰色，是一种都市感的色彩。浅灰色给人讲究、淡白、沉稳、摩登、知性、雅致的意象；中灰色给人以中立、安全、平和、静止、模糊之感；深灰色给人以厚重、安静、古老、古典、寂寞之感，如图 2-70 所示。无

图 2-70　灰色的雅致、理性、寂寞

彩色与有彩色相搭配，无彩色的性格特征会减弱，倾向于与之搭配的色彩性格特征或该色彩的补色情感，如图 2-71 所示。

图 2-71　无彩色与有彩色搭配雅致与热情

二、季节的色调情感

每个色彩都有自己的色彩语言，大自然给予了每个季节自己的色彩语言。感知季节的色彩是服装陈列色彩设计的前提，产品设计、橱窗设计的色彩运用都需要考虑色彩与季节性的关系。

（一）春季色调情感

春天大地在沉睡中苏醒，嫩黄、嫩绿、粉红、艳红……色彩是鲜艳的、清澈的、亮丽的，如图 2-72 所示。

（二）夏季色调情感

夏季，色彩慢慢地变深，犹如绽放着的生命，需要去沉淀和思考，如图 2-73 所示。

图 2–72　春季色调清澈、明快、透明

图 2–73　夏季色调凉爽、明朗

（三）秋季色调情感

秋季大地万物逐渐成熟，是一个收获的季节，色彩变得温暖而有力，如图 2–74 所示。

（四）冬季色调情感

冬季大地冬眠，被白雪覆盖，整个世界给人以冷艳、冷峻之感，如图 2–75 所示。

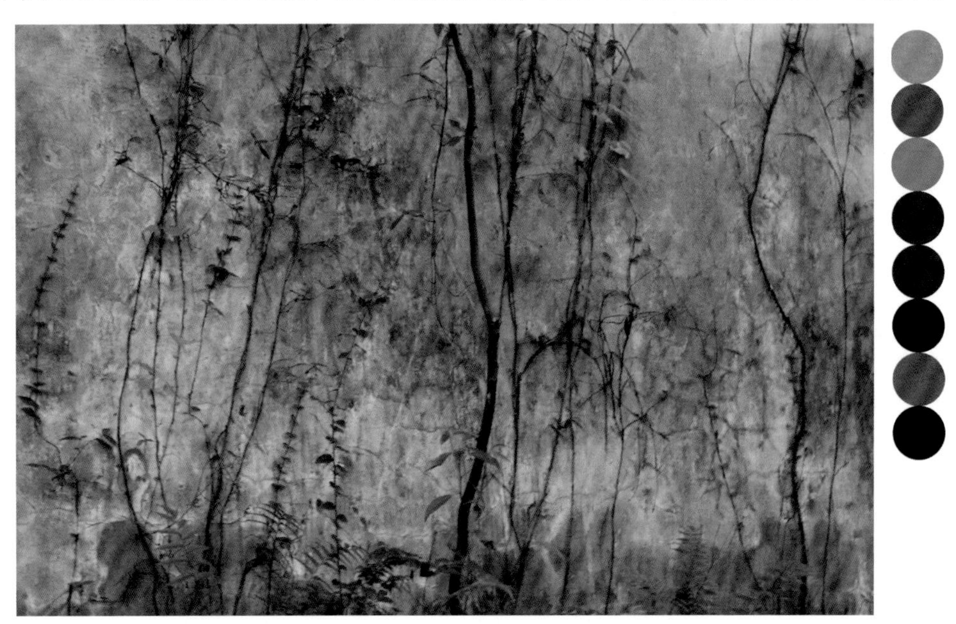

图 2–74　秋季色调成熟、浓郁

图 2–75　冬季色调冷艳、冷峻

第四节 色彩搭配方式

在对色彩有了基本的了解之后，会发现色彩非常丰富，单是红色就有很多种变化，红色稍有点偏红或偏黄，它的色相就发生了变化，色彩情感也随之发生变化，同理，红色的明度或纯度发生变化，色彩情感同样发生变化。任何色一旦与之搭配的色彩不同，色调的情感都会发生很大的变化。

色彩的搭配方式从协调和对比来分析。

一、协调型配色

（一）色相协调型配色

1. 同一色相配色

同一色相配色突出一个色相的情感，配色协调，如图 2-76 所示。

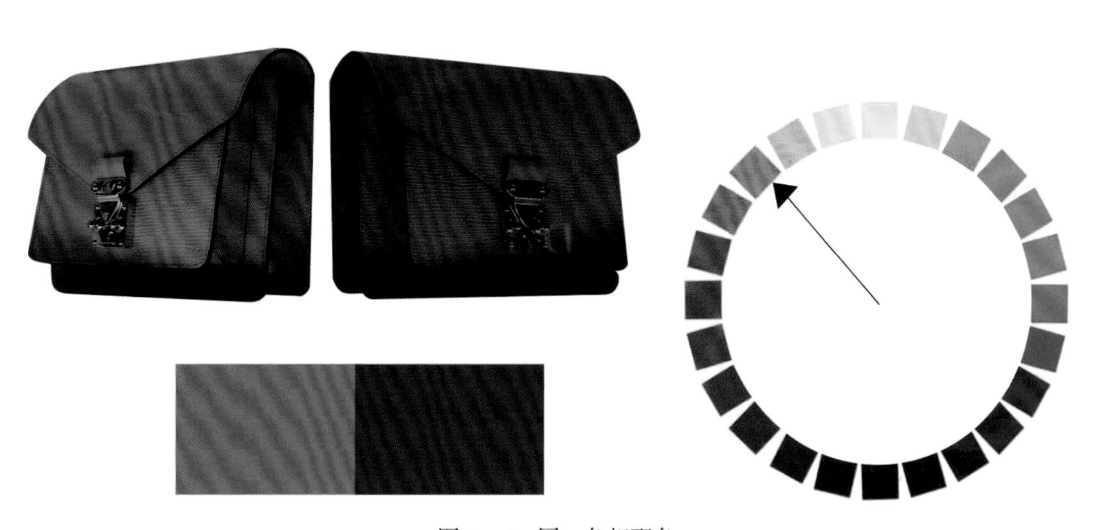

图 2-76 同一色相配色

2. 邻近色相配色

邻近色相配色由于色彩之间共通性的成分多，显得协调中略有变化，两个色相越接近，看起来类似于伪单色（所谓的伪单色，看起来是一种色彩，仔细看则有较多的色相。如人们说树是绿色的，仔细去分析树的色彩，有黄绿色的、果绿色的、蓝绿色的等，由很多的类似绿色色相所组成），如图 2-77 所示。

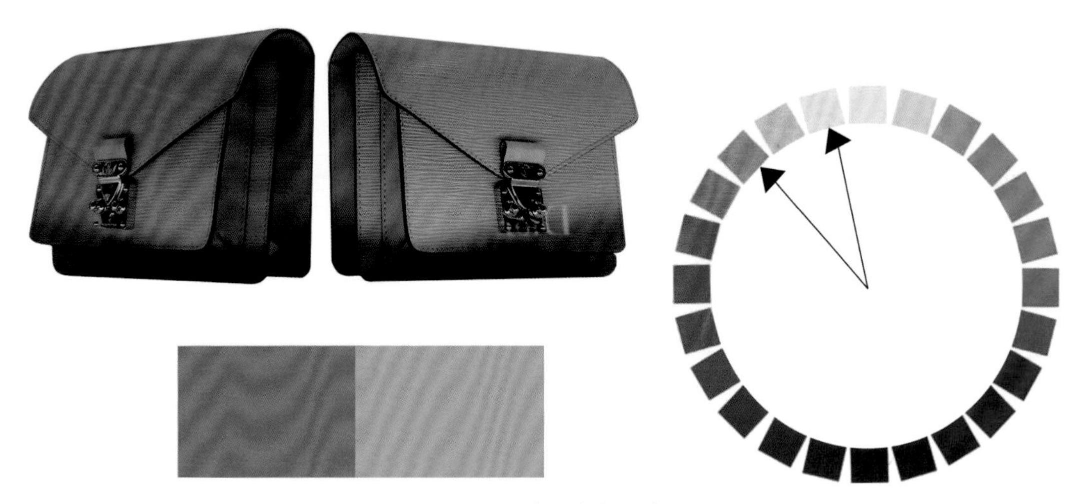

图 2-77　邻近色相配色

3. 全色相配色

全色相为色相环上接近全色或全色，如彩虹一样色彩丰富并协调，如图 2-78 所示。

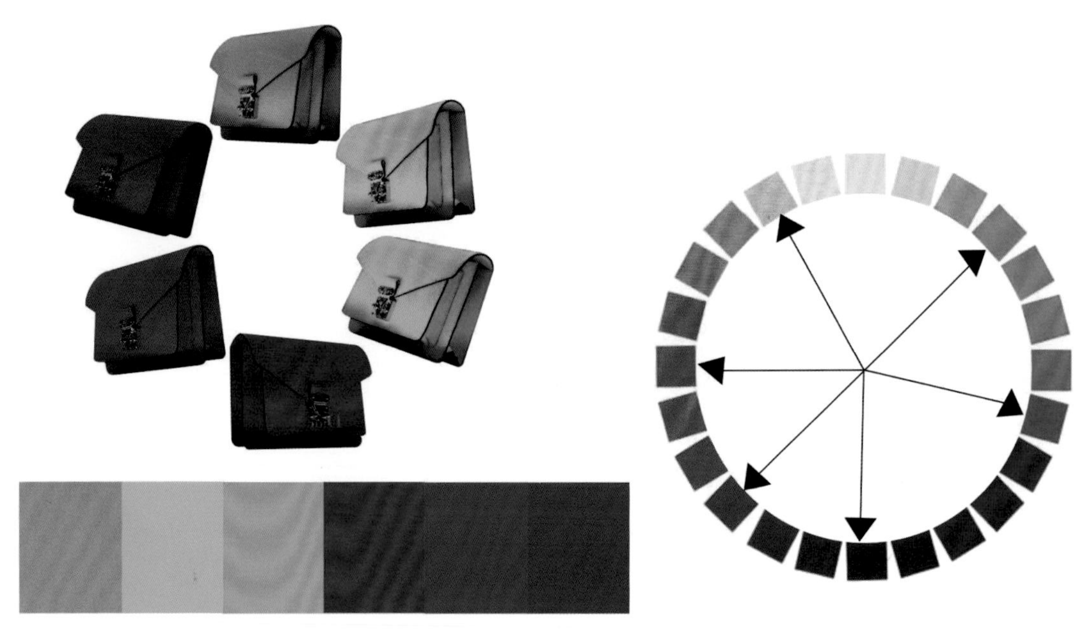

图 2-78　全色相配色

4. 同一或类似色相配色

以同一色相或类似色相为基调的配色，显得协调而有丰富的层次感，如图 2-79、图 2-80 所示。

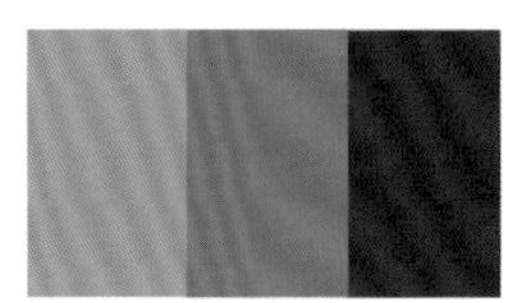

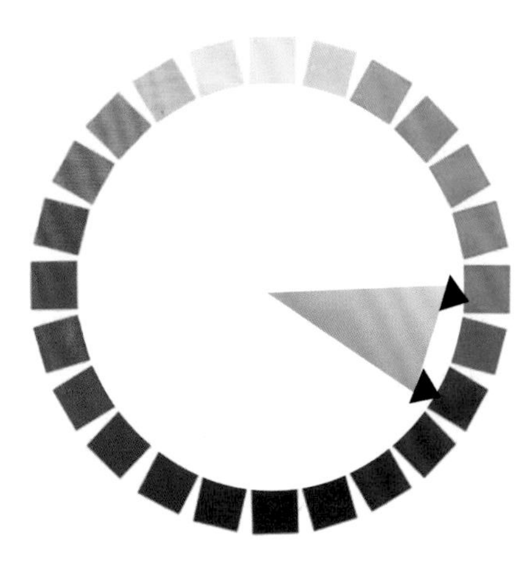

图 2–79　色相基调配色 1

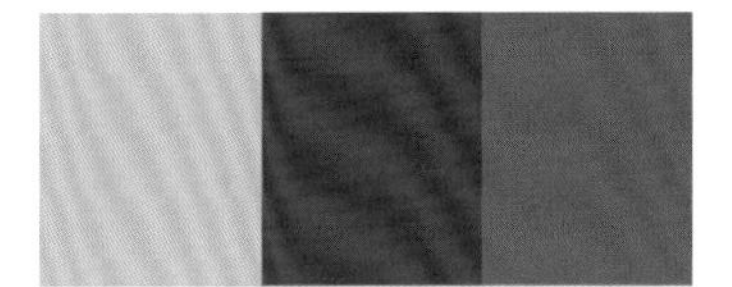

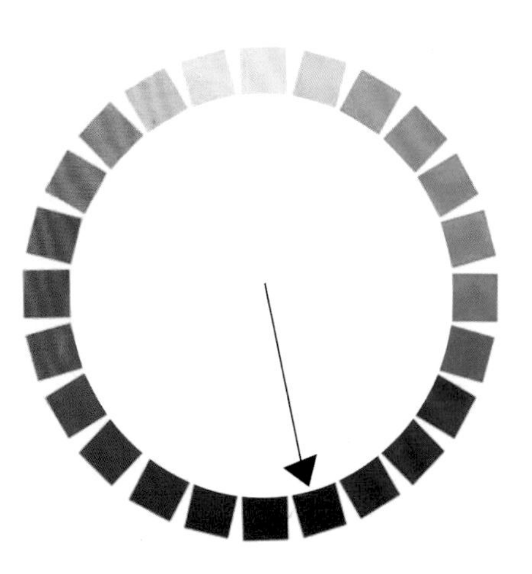

图 2–80　色相基调配色 2

（二）色调协调型配色

1. 同一色调配色

处于同一色调区域的色彩，由于同一黑度和同一白度，显得协调，如图 2-81、图 2-82 所示。当然，同一色调的协调配色，色相相似性越强，协调性越好；色相对比性越强，有对比性又有协调感，色感会比较丰富。

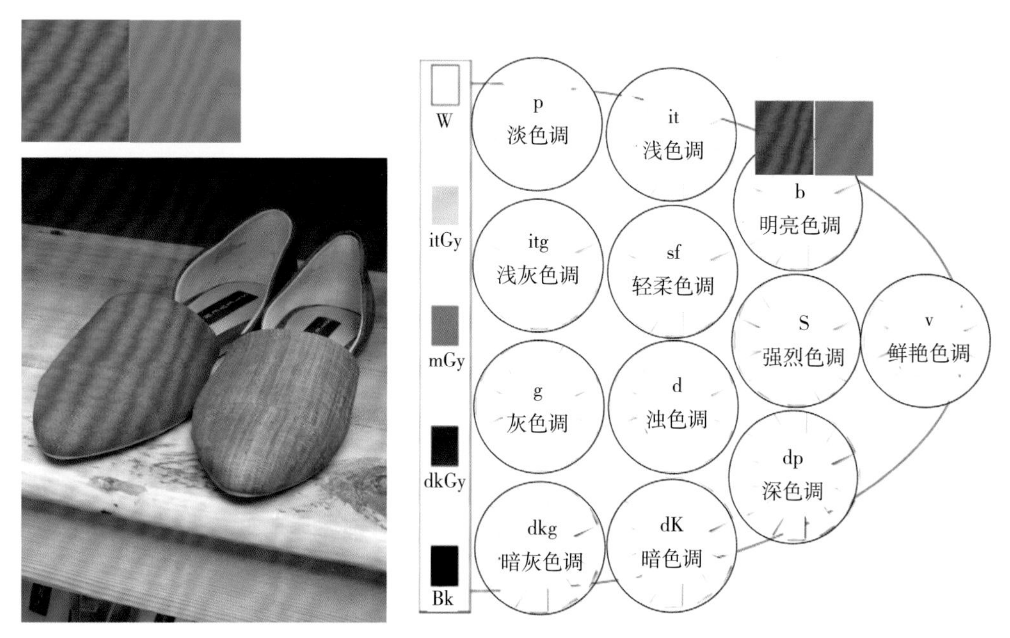

图 2-81　对比色相同一色调配色

图 2-82　补色色相同一色调配色

2. 色调基调配色

以同一色调或类似色调为基调的配色，不考虑色相关系，如图 2-83 所示。

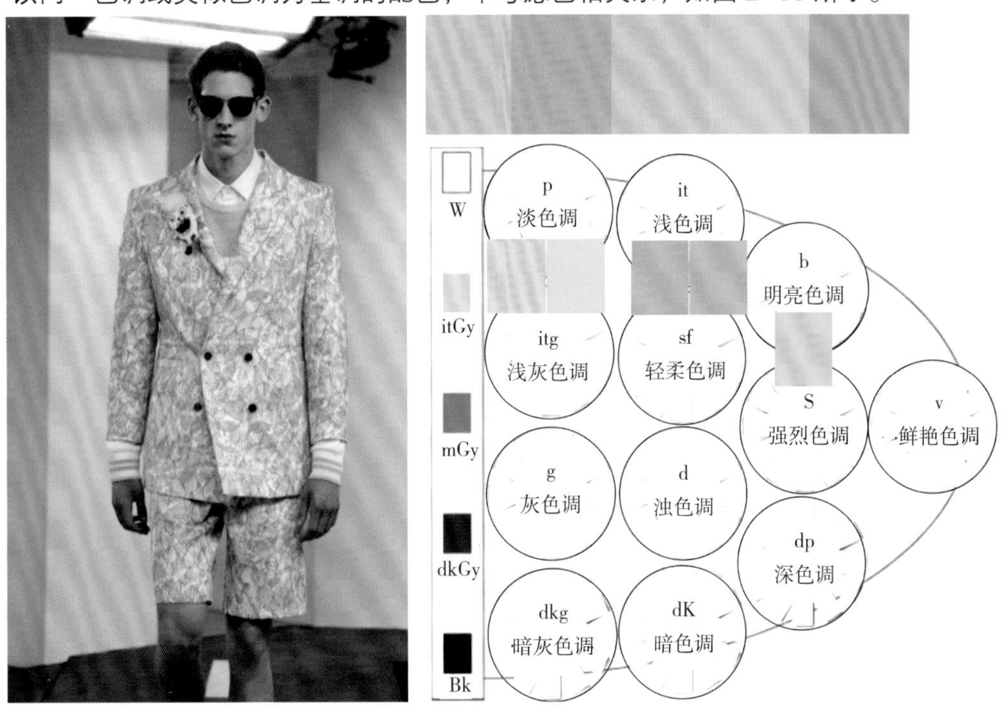

图 2-83　色调基调配色

（三）渐变配色

渐变配色有明度渐变、纯度渐变、色相渐变和色调渐变、由于渐变的色彩过渡自然，配色感觉显得协调，如图 2-84 所示。

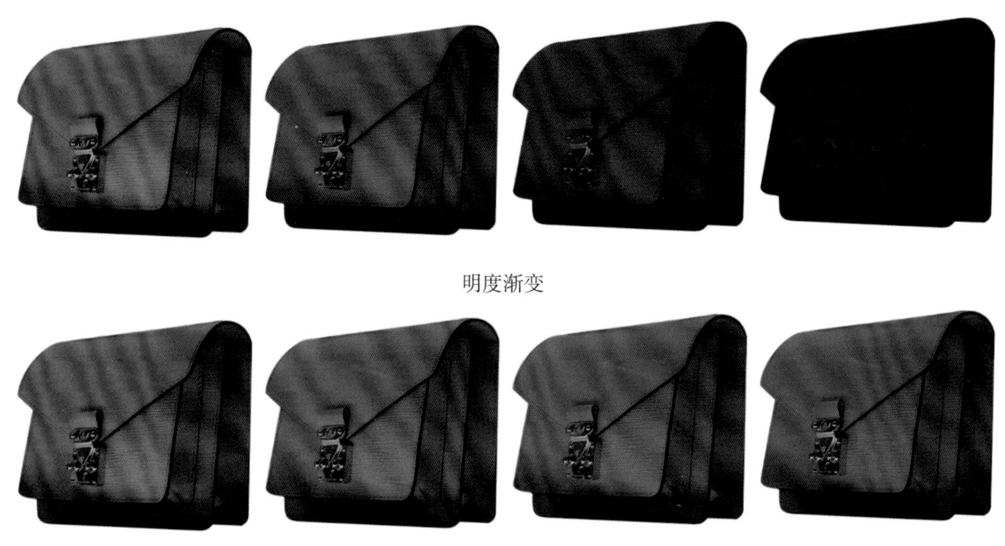

明度渐变

纯度渐变

图 2-84

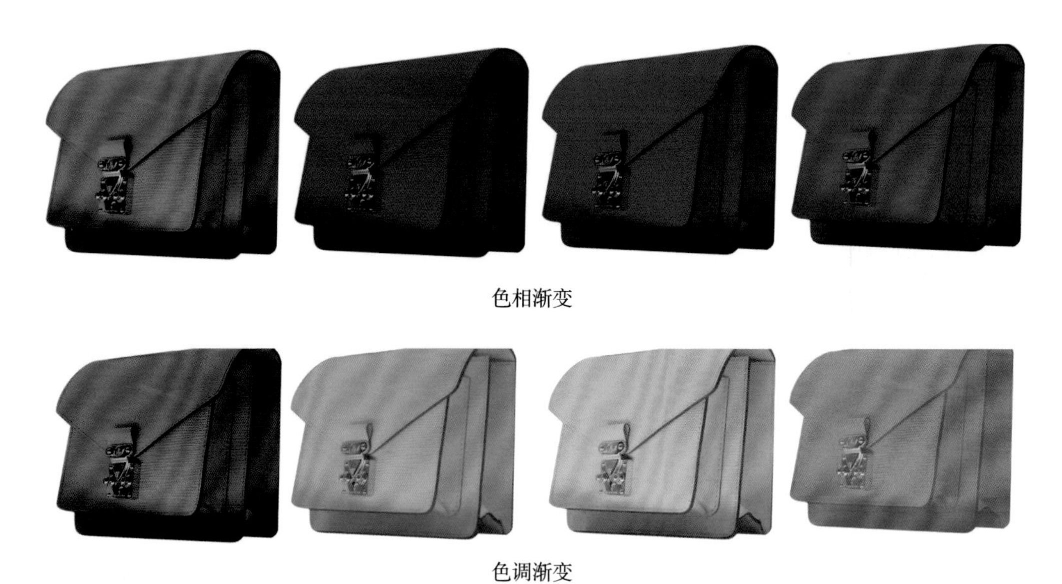

色相渐变

色调渐变

图 2-84　渐变配色

（四）低纯度的色彩配色

低纯度的色彩配色显得协调，如图 2-85 所示。

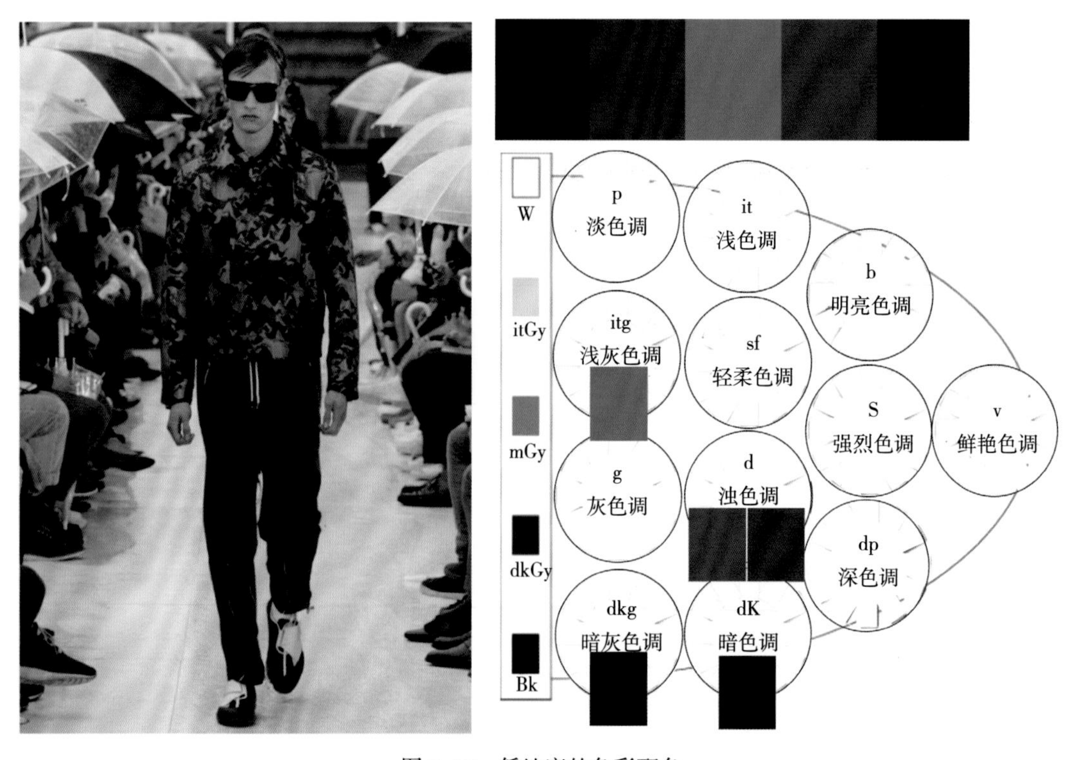

图 2-85　低纯度的色彩配色

二、对比型配色

（一）色相对比型配色

在色相环中，色相距离越远，色彩的共通性成分减少，色彩的对比性就越强。

1. 对比色相配色

对比色相配色反差大，对比性强，如图 2-86 所示。

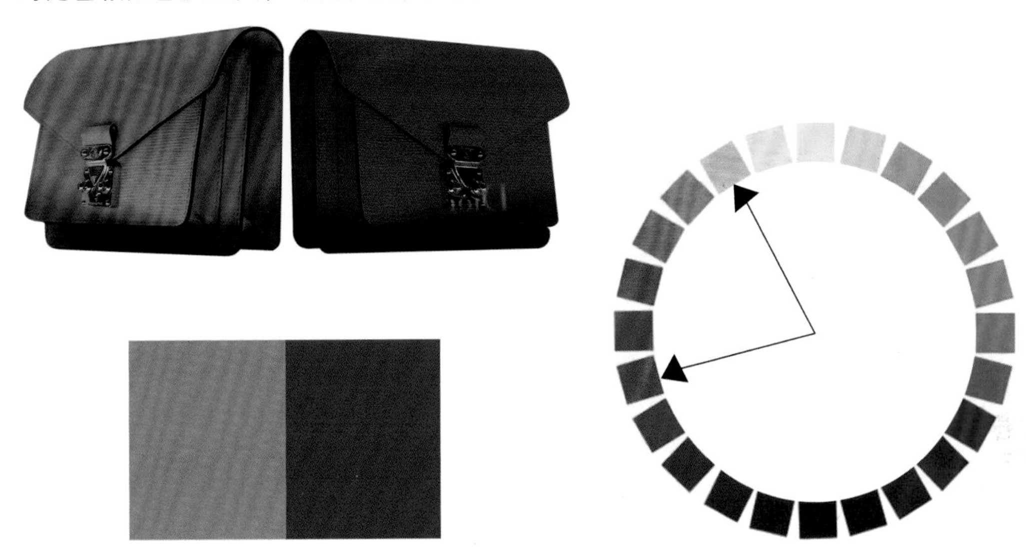

图 2-86 对比色相配色

2. 补色色相配色

补色色相配色，是色相环相对的二色进行配色。二者基本没有色彩的共通性，但是对于补色研究的理论可见，长时间看一种颜色，视神经会诱发一种补色进行自我调节。常见的补色色相有红色与绿色、黄色与紫色、蓝色与橙色、玫红与黄绿色等，如图 2-87 所示。

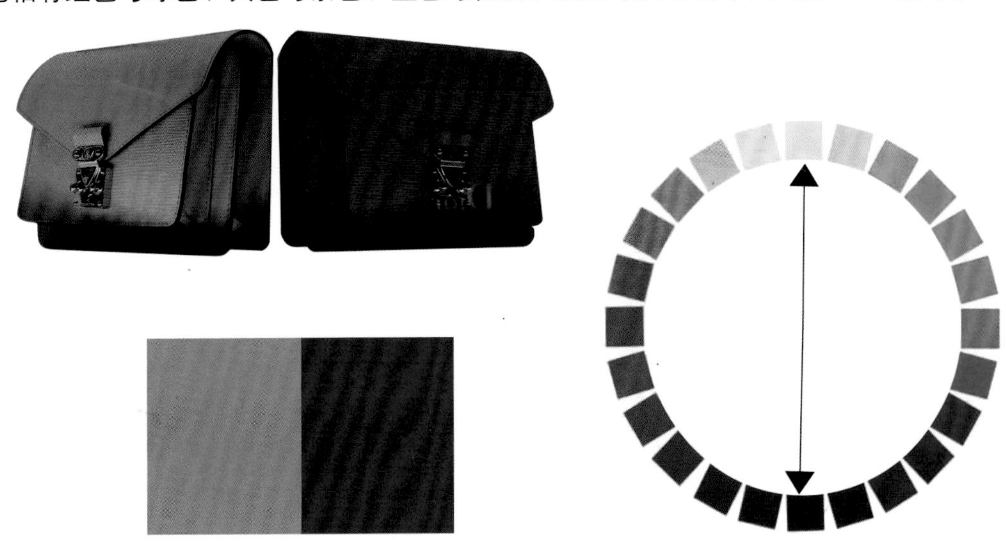

图 2-87 补色色相配色

（二）色调对比型配色

色调距离远的色彩对比为色调对比型配色，如图 2-88、图 2-89 所示。

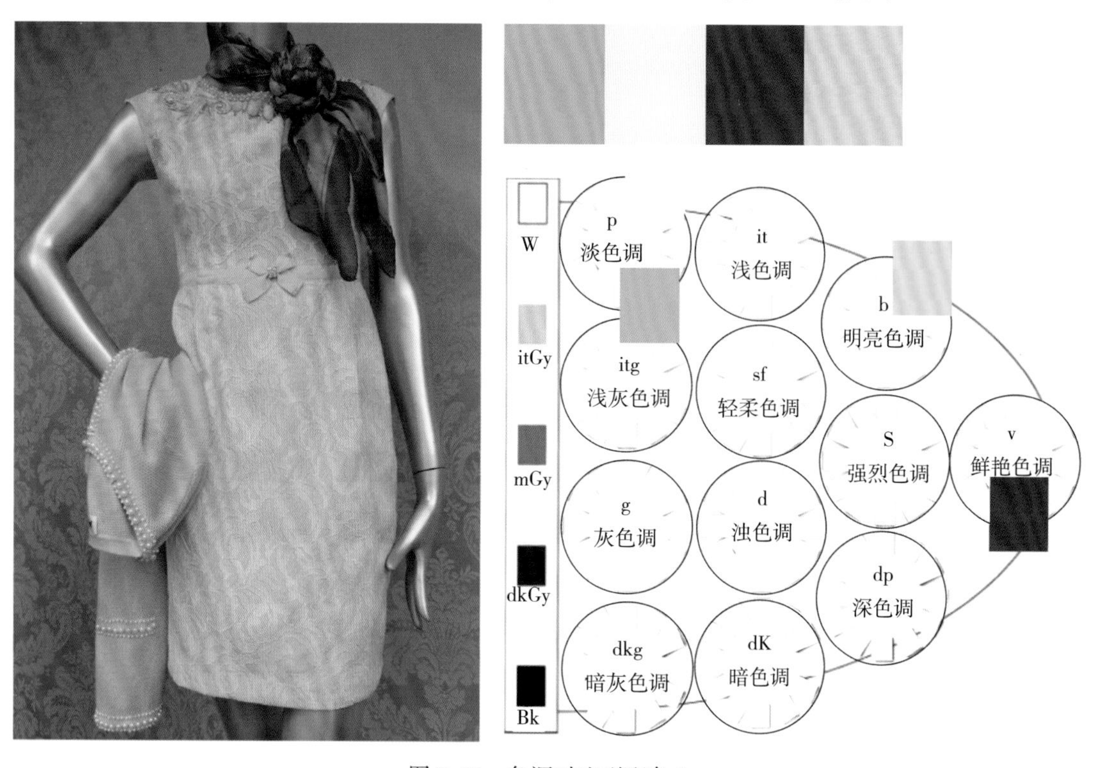

图 2-88　色调对比型配色 1

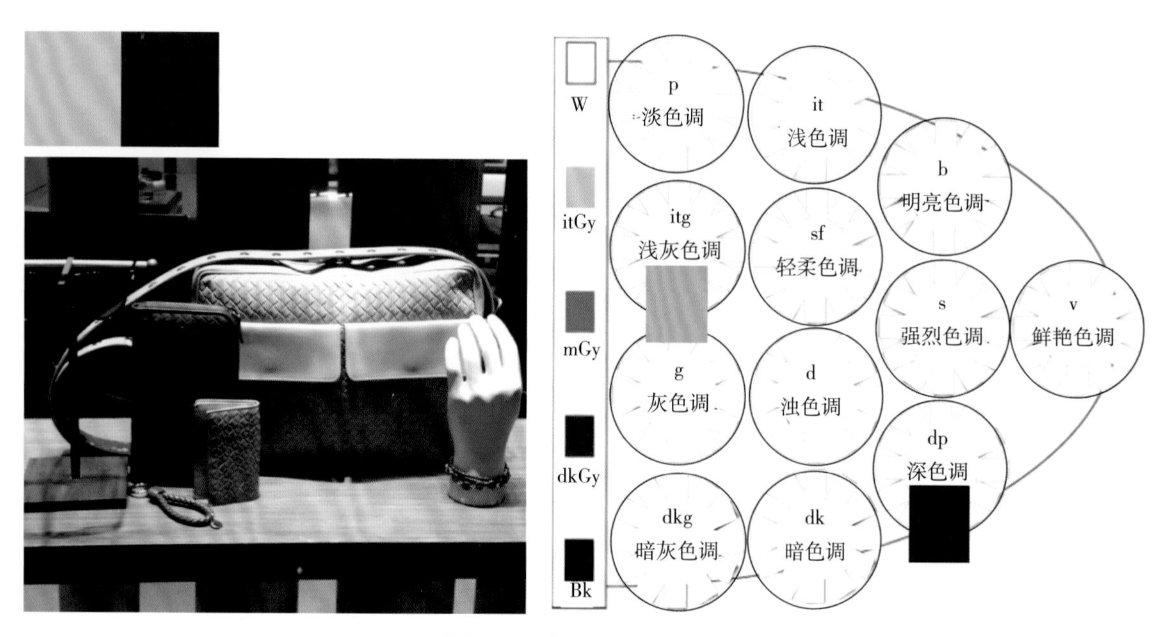

图 2-89　色调对比型配色 2

三、强调型配色

强调色是纯度高的色彩，在整个色彩搭配中强调色起到点缀的作用，如图 2-90 所示，是类似色点缀配色，在色感相近的类似色中采用纯度高的对比色进行点缀；如图 2-91 所示，是无彩色中采用有彩色进行点缀。

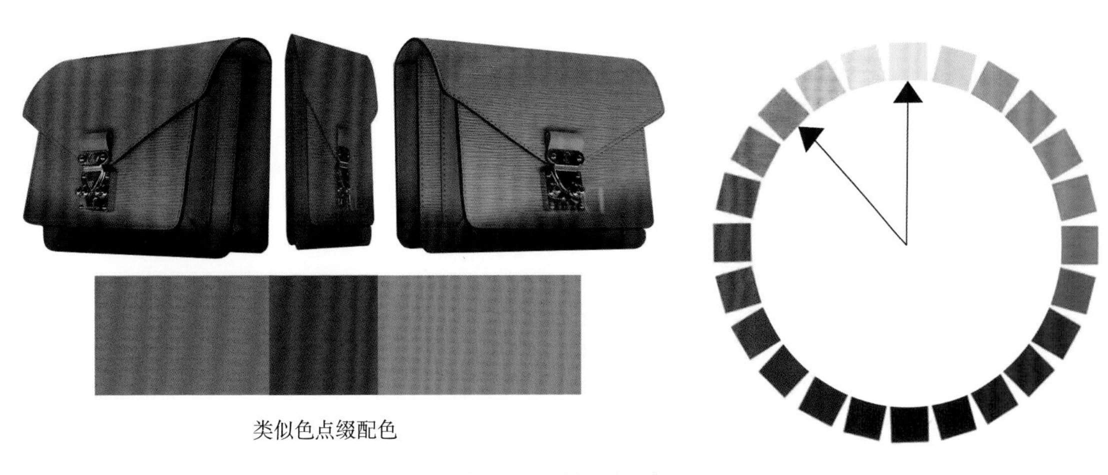

图 2-90　强调型配色 1

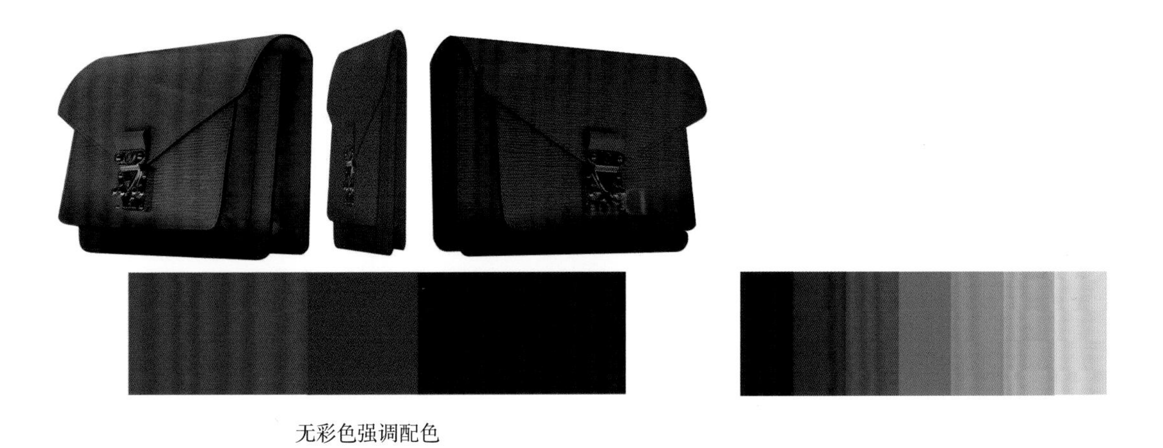

图 2-91　强调型配色 2

四、分离型配色

在两个模糊的色彩之间搭配低纯度的色彩，使模糊的两个色显得清晰，如图 2-92 所示；或者在两个对比强的色彩之间搭配低纯度的色彩，使两个对比强烈的色彩显得清晰，如图 2-93 所示。

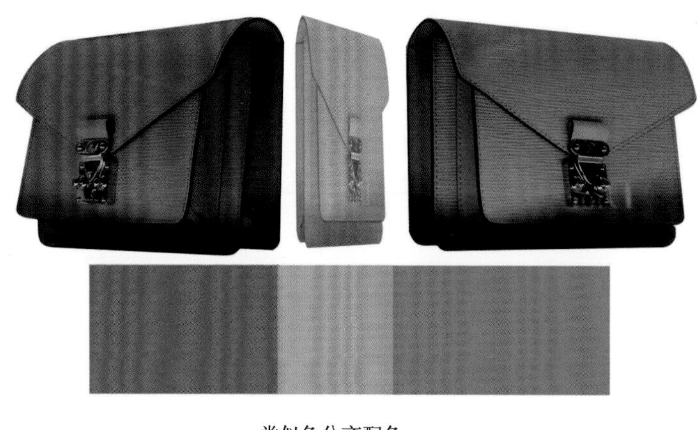

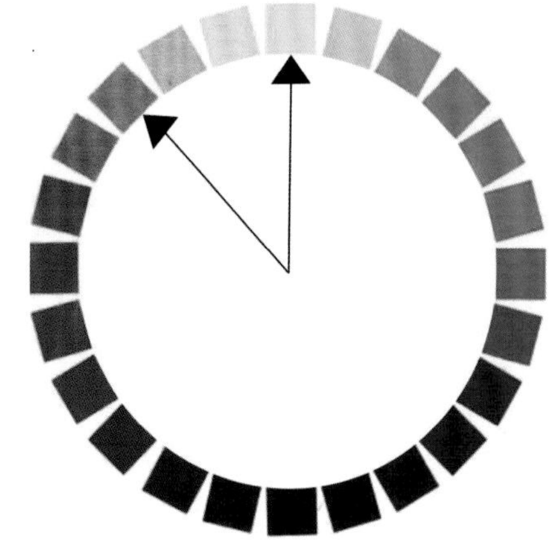

类似色分离配色

图 2-92　分离型配色 1

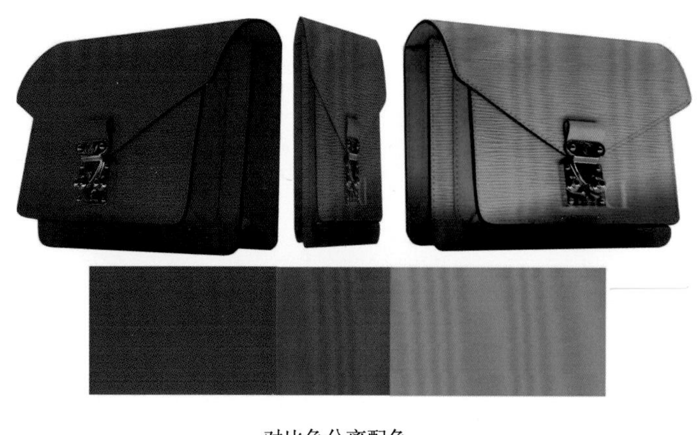

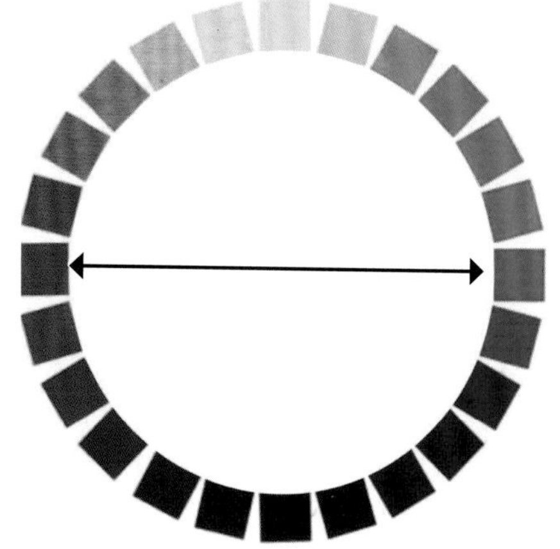

对比色分离配色

图 2-93　分离型配色 2

第三章 卖场设计构成要素

服装卖场设计是对店铺及店铺的整体形象以色彩为中心展开分析，对店铺色彩形象形成过程的灯光、材质、形状、风格、意境进行综合的考虑。服装卖场设计的构成要素主要包括灯光、店铺形象、橱窗、服装、装饰道具、POP 六个方面。

第一节　灯光

光在卖场色彩设计中起到非常重要的作用。在服装卖场色彩设计中，灯光除具有照明、指引顾客视线、装饰、细节展示以及烘托氛围的功能外，还有营造不同意境的作用。

一、灯光的功能

（一）照明

照明是灯光在店铺内最基本的功能，如图 3-1 所示。照明的形式由于灯光种类的不同，可分为普通照明和投射照明。普通照明的特点是以散射形式照射，照明涉及的面较广，投射照明的特点是以束光的形式，强调照明的部位，如图 3-2 所示。

图 3-1　照明的作用

图 3-2　照明的种类

（二）指引顾客视线

有光的地方先吸引视线，灯光起到指引顾客视线的作用，如图 3-3 所示。

（三）装饰

通过灯具的造型以及灯光照射后所产生的阴影起到装饰作用。复古或现代的灯具使整个环境显得有故事感，给顾客留下无限的遐想空间，如图 3-4、图 3-5 所示。如图 3-6 所示，

图 3-3　灯光起到指引顾客视线的作用

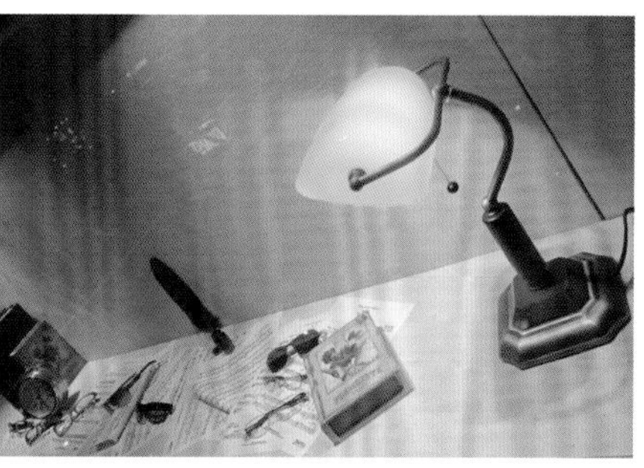

图 3-4　灯光的装饰作用 1

图 3-5　灯光的装饰作用 2

模特等通过灯光照射后形成的阴影，增强陈设色彩的层次感，体现新的装饰效果。

（四）细节展示

强烈的光会形成照射物与周围环境强烈的对比，为了更好地展示服装的细节和质感，需要通过侧光的补光，如图 3-7 所示。

图 3-6　灯光形成阴影的装饰作用

图 3-7　灯光的细节展示作用

（五）烘托氛围

繁华的城市到处有着闪烁的霓虹灯，让城市的夜晚显得热闹。陈设色彩设计采用有彩色灯或者LED灯，烘托氛围。有彩色灯与色彩的情感相一致，如蓝色灯给人安静、神秘之感，红色灯给人热情之感，黄色灯给人温暖之感等，如图3-8所示。

图3-8　有彩色灯烘托氛围

图3-9　灯光烘托氛围

现代科技高度发展，新技术被不断地应用在陈设设计之中，如动态的灯光、LED视频及灯光等，目的则是烘托服装卖场氛围，吸引顾客的视线，如图3-9所示。

二、灯光色温与意境

照明光有不同的颜色，是由于不同的光波长产生不同的色温所形成的，从而营造出不同的色彩氛围，如图 3-10 所示。

太阳光含有红、橙、黄、绿、青、蓝、紫各波长的光，所以太阳光照射在物体上物体呈现出来的颜色是自然的。光色越偏蓝，色温越高；光色越偏红则色温越低。由于太阳光早上、中午、傍晚光照的不同，光照的色彩也会有所不同，会出现早上色彩偏黄，中午色彩偏蓝，傍晚色彩偏红等情况。

一般而言，商场里采用 4400 ~ 5500k 色温的灯光，给人以爽快的感觉，简约品牌采用这种色温的灯光比较多，有些需要营造稳重氛围的，如商务男装品牌，则采用小于 4400k 色温的灯光，用得较多的还有荧光灯，既节能又省电。荧光灯有冷色、暖色两种，冷色荧光灯色温为 4000 ~ 5000k，呈蓝色和白色，暖色荧光灯色温为 2500 ~ 4000k，呈橙黄色。如图 3-11 所示，在不同的色温照明下店铺营造出来的色彩氛围，左图是时尚的品牌，采用冷色荧光灯，营造出爽快、酷的感觉；右图采用暖色光源，营造出温暖、惬意的感觉。

有些个性化的品牌店铺用色很深，再加上用强度大的投射灯光，背景与光照射到的地方形成很大的反差，采用这种对比手法，往往是烘托个性化的年轻休闲品牌，如图 3-12 所示。

图 3-10 不同色温下物体色彩的变化

图 3-11　不同的色温照明下的店铺色彩氛围

图 3-12　个性化的年轻品牌色温与意境

第二节 店铺形象

店铺形象是由品牌 LOGO、店铺装修格调、服饰产品以及橱窗形象综合而成的印象。

一、店铺形象与风格

店铺形象是由店铺色彩、材料、形状、灯光、橱窗以及服饰产品共同营造出来的整体氛围，橱窗是品牌形象传播的窗口，是店铺形象不可分割的一部分。

（一）店铺形象

每个店铺都有一个独立的个性形象，如图 3-13 所示。国际奢侈服装品牌在店铺形象上都有其独特的气质。店铺形象有三个层面，旗舰店、专卖店、商场店。旗舰店和专卖店的形式有独立的外墙，外墙的色彩加之品牌的 LOGO 色彩，灯光所营造的色彩氛围以及橱

图 3-13　店铺形象

窗之间形成强烈的视觉传播，它所形成的整体印象或是个性化、或是现代化、或是雅致、或是稳重，如图 3-14 所示，法国品牌 DIOR 男装采用了黑色的外墙和白色的 LOGO，在视觉上形成强烈的黑白调，店铺里透视出来精致的装饰体现出时尚的现代感；美国品牌 RALPH LAUREN 浅灰色的外墙衬托黑色的 LOGO，室内透出米色的装饰，给人雅致、轻松、休闲之感。

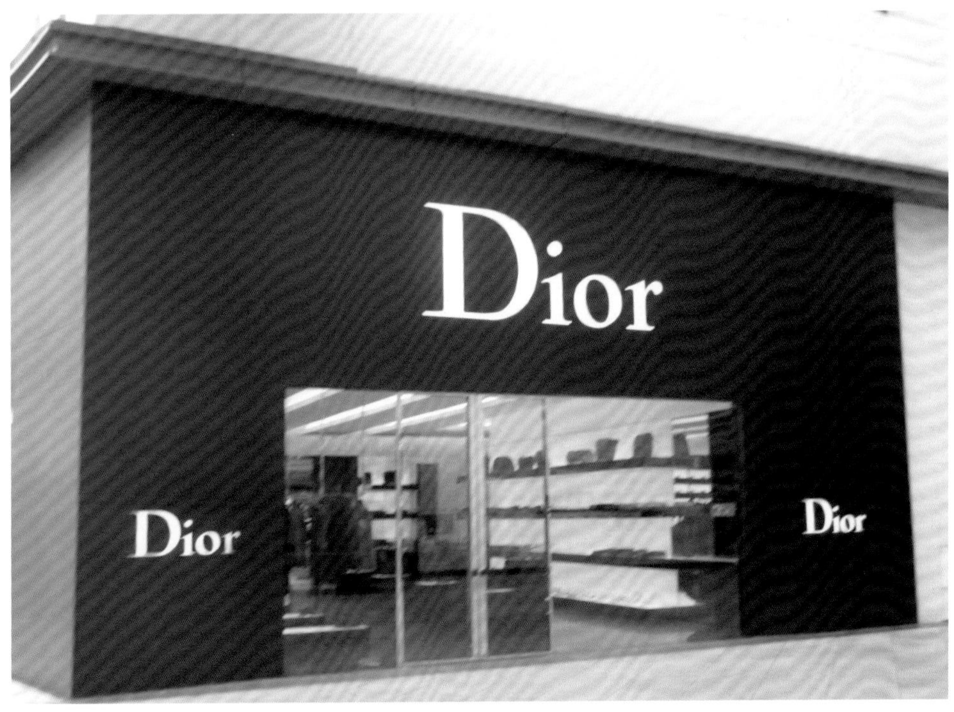

图 3-14　店铺形象

商场店，分店中店、边厅以及中岛，主要特点是由门楣衬以 LOGO 和橱窗组成（有些中岛位置的店铺不一定有橱窗），如图 3–15 所示，店铺整体的色彩形象是米灰色，浅色、雅致、简约且富有现代感，橱窗色调与店铺整体的色调是一致的。如图 3–16 所示，黑色的门楣衬以灰调的 LOGO，略带暖色的色调，橱窗与室内的色调呈现是一致的，炫丽的橱窗色调，整体营造出稳重、厚重中略显精致的色彩形象。

图 3–15　雅致，现代，简约的店铺形象

图 3–16　稳重、厚重中略显精致的店铺形象

（二）橱窗色彩与店铺形象

室内装修是一两年调整一次，橱窗设计则是四个月至六个月更换一次，橱窗设计形象需根据每季产品的设计主题、流行色来展示，如图 3-17、图 3-18 所示，前者是国际男装商务品牌 CERRUTI 1881，后者是国际奢侈品牌 TOD'S，两者都采用了大面积的亮色粉色做橱窗的背景色，通过炫目的橱窗色彩设计达到视觉上的色彩营销，吸引消费者的视线，同时传递出品牌隐喻的色彩韵味。

图 3-17 与店铺形成反差的橱窗色彩设计 1

图 3-18 与店铺形成反差的橱窗色彩设计 2

（三）店铺室内形象

店铺室内形象是由室内装修的风格决定的，室内设计风格衬托出服装风格，给予服装完美的展示。衣柜式和箱式的装修风格显得端庄、稳重，商务品牌的服装采用较多；龙门架式的装修风格，简洁、时尚而富有个性的服装品牌采用较多；或者是两者风格的结合，如图 3–19 所示。如图 3–20 所示，服装和装修风格都是简约、现代风格。当然，除了上述装修风格之外，还有很多的个性化装修形式。

图 3–19　店铺室内形象

图 3–20　简约、现代的服装风格和店铺形象

二、形状、材质与色彩

店铺形象由形状、材质、色彩构成了一种无声的语言。形状是外在的轮廓和内在的装饰综合呈现出来的气质。如现代流行的简约主义风格，是以简约明快的直线条或直曲结合的线条组成外在形状，里面几乎没有任何的细节装饰，但对于材质有很大的讲究。后现代主义的设计风格则是在现代主义简约明快的形状基础上，加了很多的细节装饰。材质是材料和质地的结合，材料指某种物质，但是由于组织结构不一样，生产工艺不一样，材料最后所呈现的质地会有所不同。如木料总体上给人一种脚踏实地温暖之感 ，让人联想到大自然、森林，如图 3-21 所示。由于木材最后的工艺不同，所呈现的质地感觉有复古的、清新的、怀旧的、豪华的等。

铝合金、铁之类的材质有工业革命的现代感。如图 3-22 所示。

同样材质、样式的道具，由于采用的色彩不同，周边搭配的色彩不同，营造出来的氛围也是不同的，如图 3-23、图 3-24 所示，前者稳重中更有一种力量感，后者稳重中显浑厚。

在现代化的店铺设计中，铝合金或铁与木质材料的混合运用，既能表现出生态、温馨的一面，又能体现当下的时代感，如图 3-25 所示。

色彩是情绪的表述，如图 3-26 所示，简洁而富有现代化的道具，采用了墨绿色，彰显出后现代的装饰感。

图 3-21　木质材料

图 3–22　铝合金材料

图 3–23　形状、材质、色彩彰显的商务品牌形象 1

图 3-24　形状、材质、色彩彰显的商务品牌形象 2

图 3-25　混合材质的运用体现时代感

图 3-26　富有装饰感的道具

三、色彩空间

店铺内的色彩空间由硬装色彩和服饰色彩两部分构成。前者以固定的色彩样式为主，后者随着季节和每一波段上架的色彩来区分，这样有利于服装陈列展示随时调换位置，不固定每个系列的服饰必须放在某个区域。但也有一些品牌店在店铺室内设计装修时，已经进行功能的区分，如正装区、休闲装区、箱包区、饰品区等。如图 3-27、图 3-28 所示。

在店铺的空间里，休息区域、沙发以及试衣间都是不可忽视的地方，如图 3-29 所示，这些道具的色彩以及空间的布局要与品牌倾诉的形象和个性是一致的。

图 3-27　色彩空间区分 1

图 3-28 色彩空间区分 2

图 3-29 休息区色彩空间

第三节　橱窗

橱窗展示的是品牌形象，传播店铺商品信息，引导生活方式和生活主题，最终吸引消费者视觉与消费者的情感互动，吸引消费者进入卖场达到销售之目的，如图 3-30 所示。

一、橱窗设计与主题

根据新品设计主题和上市计划以及一些重点节假日的营销策略，进行时间段的橱窗主题设计。橱窗设计主要有品牌形象传递，生活方式引导，时尚发布，节日、活动信息等。

（一）品牌形象传递

橱窗是品牌形象传递的窗口。每个品牌都会有自身的品牌形象，如运动品牌通过橱窗传

图 3-30　橱窗也是品牌形象

递的是运动、健康的品牌形象；商务品牌通过橱窗传递的是自信、稳重的品牌形象；休闲品牌通过橱窗传递的是休闲、放松的品牌形象，通过代表品牌形象的产品展示产品信息一目了然，如图 3-31、图 3-32 所示。

每年的橱窗设计主题会有相似之处，如近两年采用运动、生态的元素较多，只是每个品牌在形式表现上有很大的区别，以体现品牌个性，如图 3-33 所示，两个品牌都采用了缤纷色彩波普艺术，只是在灯光、图形处理上有很大的不同，前者灯光从上往下，加上大量感的气球衬托，显得稳重；后者从下往上的灯光所形成向上的阴影，衬托量感较小的蝴

图 3-31　橱窗设计体现商务品牌形象

图 3-32　橱窗设计体现休闲品牌形象

DIOR

LOUIS VUITTON

图 3-33 橱窗设计体现品牌个性

蝶结和气球，显得轻盈、精致。

（二）生活方式引导

品牌最高的境界是随着消费者生活方式的变化，引导一种新的服装搭配理念，如图 3-34、图 3-35 所示。

图 3-34 休闲的生活方式

图 3-35　时尚、雅致的生活方式

（三）时尚发布

时装学者布鲁诺·雷莫内指出，“传统的营销是基于需求，你宣传的是一件迎合还有需求的产品，并努力证明你的产品是同类中最好的，但时间营销却是在创造需求，因为原本这种购买需求是零，时间是一间制造欲望的工厂。”橱窗设计充分运用时间营销的概念，将新品展示在最显眼的橱窗中，让消费者在无意之中产生购买的需求，如图 3-36、图 3-37 所示。

图 3-36　品牌的时尚发布

图 3-37　品牌的流行色发布

（四）节日、活动信息

根据各种节日进行有针对性的重点橱窗陈列设计，以提醒顾客新品的上市和节日的到来，如春装上市、五一劳动节、父亲节、秋装上市、国庆节、圣诞节、春节、品牌周年庆、商场店庆等，如图 3-38 所示。

图 3-38　品牌五周年店庆

由于红色具有醒目的色彩特征，在喜庆、促销、减价的橱窗设计中采用红色最多，如图3-39 所示。

图 3-39　品牌季后促销

二、色彩印象与意境

除了上述色彩印象与主题之外，之所以橱窗设计能吸引顾客，是由于橱窗设计所营造出来的色彩印象，意境氛围或端庄、或浪漫、或现代、或刺激等，与顾客之间达成了某种情感交流，如图 3-40~ 图 3-42 所示。

图 3-40　色彩印象与意境——稳重中显优雅

图 3-41　色彩印象与意境——知性中显优雅

图 3-42　色彩印象与意境——硬朗的男性形象

第四节　装饰道具

在全球化市场的背景下，电子商务日渐壮大，越来越多的消费者喜欢网上购物，因而对于实体店铺来说，应更加注重实体店体验式的购物环境，通过主题设计或装饰道具的衬托，增加服装的情感性和文化性，以吸引消费者购物。

一、装饰道具的范围

装饰道具的范围很广，可分为展示产品形象的小道具和完全用来烘托主题氛围或提高情感卖点的道具。

图 3-43　展示产品形象的小道具 1

二、装饰道具的作用

装饰道具的作用主要有展示产品形象，烘托主题氛围和提高情感卖点三个方面。

（一）展示产品形象

衬衫、领带、围巾、眼镜、项链或者一些小的饰品需要专门的道具展示，这些道具可以是为品牌专门开发的，也可以根据产品特点进行采购，如图 3-43 所示，是铝合金材质的道具，有现代感和冷峻的感觉，用来展示男性的衬衫和领带；如图 3-44 所示，是采用手模道具展示手包。手模道具还可以展示手镯之类的饰品。

图 3-44　展示产品形象的小道具 2

（二）烘托主题氛围

道具不仅可用来展示产品形象，还可通过一定的装饰道具设计烘托产品的主题氛围，如图 3–45、图 3–46 所示，背景的白色装饰物以及金色的小蜜蜂，给饰品增添了情调，彰显产品的精致感。

图 3–45　道具氛围烘托下的饰品展示 1

图 3–46　道具氛围烘托下的饰品展示 2

图 3–47 所示，用制作包的道具来衬托包，烘托包制作过程的氛围，让消费者对手工艺的文化产生认可，从而勾起购物的愿望。

图 3–48 所示，将稻草做成装饰道具，既可以展示产品，又起到装饰、烘托氛围的作用，让消费者马上想起生态、户外的环境，心情一下子开朗起来。

图 3-47　道具氛围烘托饰品展示 3

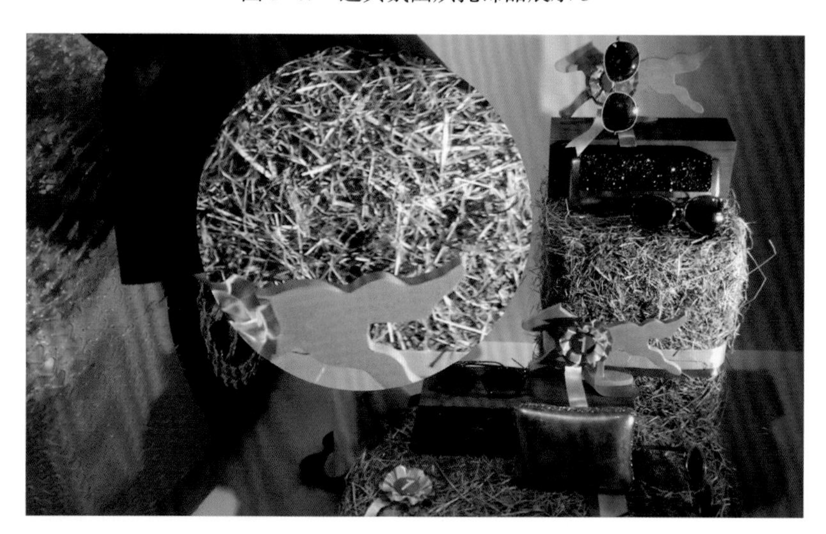

图 3-48　道具氛围烘托饰品展示 4

图 3-49　装饰道具提高产品情感卖点 1

（三）提高情感卖点

看起来装饰道具对产品展示似乎没有直接的用处，但是有了装饰道具之后，对服装本身有了遐想，将装饰道具与产品进行联结，也就是说，通过装饰道具增加了消费者对产品的情感遐想，提高了产品的情感卖点，如图 3-49 所示，在 T 恤展示前面放了一个人物进行装饰，并且这个非常有气质的人物与女王相似，消费者会将女王与一件 T 恤产生联系，使这件 T 恤多了一份皇室的精神和气质。

图 3-50 所示，橱窗的装饰道具让服装显得有艺术气质，似乎音乐在此时响起。

图 3–50　装饰道具提高产品情感卖点 2

三、设计和选择装饰道具

设计和选择装饰道具，要考虑装饰道具设计目的，是以展示产品为目的，还是以装饰为目的，或者两者兼而有之。目的不同，道具设计也会有所不同。

（一）实用性的装饰道具设计

实用性的装饰道具设计要以突出产品形象为目的，道具的形状、色彩、风格与产品形象相一致，如图 3–51 所示，这里的小道具是以展示产品的实用功能为主，在设计中为了与产品形象相一致，选用了木质的材质和铁的材质相结合，形状较为纤细，色彩为浅米色和黑色，与产品所要表现的雅致、优雅的感觉是一致的。

图 3–51　实用性的装饰道具设计

（二）装饰性的装饰道具设计

装饰性的装饰道具设计，要与产品形象相一致，并且能更好地衬托产品形象，如图 3–52 所示，图 3–52（a）服装色彩淡雅，很有品质感，在选择装饰道具花时选择了淡雅的花，整个氛围显得优雅；图 3–52（b）服装色彩亮丽，图案明快，因此，在装饰道具花的选择上采用了奔放明快的菊花，整个氛围营造得略显年轻、活跃。

（a）

（b）

图 3–52　装饰性的装饰道具设计和选择

图 3–53　装饰性道具烘托服装形象

图 3–53 所示的电话机、皮箱等装饰道具烘托出复古、时尚的服装形象。黄色的电话机与皮箱同属一种复古的色系，与皮鞋的色彩相呼应。

（三）艺术性的装饰道具设计

装饰道具设计的艺术性，既要考虑装饰道具的实用功能，又要考虑装饰功能，因此，在设计中不受材质的影响，主要考虑形式和整体的美，如图 3–54 所示，道具采用树的设计，加之图案的渲染，使展示品——包增加了艺术感和设计感。

图 3–54　具有实用和装饰功能的艺术性装饰道具设计

实用与装饰功能相结合的艺术性装饰设计如图 3–55 所示，以铅笔为设计元素，通过铅笔的不同摆放方式和创意设计，达到的整体效果有很强的艺术性和视觉点，同时也展示了道具的实用功能。

图 3–55　实用与装饰功能相结合的艺术性装饰设计

第五节　POP

POP 是快速抓住消费者视觉的广告宣传形式。在服装终端卖场中，所有平面的、纸质的广告，大到灯箱海报，小到一张小卡片，都是 POP 的宣传形式。现在科技的迅速发展通过电视、IPAD 播放的动态视频形式，都属于 POP 广告范畴。

一、POP 的分类

在企业运作模式中，POP 由视觉推广部、形象推广部或企划部操作，包括产品形象手册、产品陈列手册、产品搭配手册、卖场海报、灯箱广告、卡片等平面广告，如图 3-56 所示。高科技技术在 POP 宣传中的作用正在不断地提升，动态的视觉传播方式在进一步地加强，近几年已经有一些品牌让顾客通过网络直接选款，还有三维试衣间直接试衣，顾客不用试穿，通过三维试衣间能直接看到着装效果，并且不同的款式效果能够直接体现，还可通过拍摄微视频、微信进行更直观便捷的传播。

图 3-56　在卖场外的 POP 海报

二、POP 的视觉形式

POP 的视觉形式主要有海报、陈列手册、微视频以及店铺里的标价牌等。在每一季，服装品牌大多有一定的资金预算请专业公司拍摄时装大片和服装平面搭配图。时装大片要体现当季服装流行的概念主题，一般以外景的形式拍摄较多，通过时装大片更好地诠释当季品牌产品形象。服装平面搭配图则是以搭配手册的形式告知每一家的店员当季主推的货品和搭配方式。如国际奢侈品牌 2014 春／夏 CHANEL 让服装走进超市，2015 秋／冬则是将拍摄地点放在了健身房，这种概念性的拍摄旨在宣传品牌接地气的改革精神，让品牌与当下人们的需求结合起来，运动健身、好的身体才是完美。宣传海报一般用在灯箱广告、杂志广告、网站广告、微博、微信的宣传途径中，如图 3-57、图 3-58 所示。

日本快时尚品牌 UNIQLO 在 POP 海报中一贯使用红色为宣传色，如图 3-59 所示。

图 3-57　GUCCI 品牌 POP 灯箱海报

图 3-58　户外广告

图 3-59　日本快时尚品牌店铺橱窗内的 POP“色彩营销”

第四章 / 服装卖场设计原则、方法与技巧

服装卖场色彩营销设计的目的是通过色彩陈列设计促进销售，以终端卖场的店铺为窗口架起消费者与品牌之间的桥梁，传播品牌形象，传递品牌文化。为了更好地达到销售目的，店铺陈列设计中要遵循一定的原则，如体现品牌格调定位的原则、吸引消费者视线的原则、“色彩营销”原则以及整洁性原则，以找到陈列色彩设计最佳的方法和技巧。

第一节　服装卖场设计原则

一、“色彩营销”原则

“色彩营销”原则是服装卖场陈设商品中很重要的一个原则，是运用美国市场营销学会（AMA）研究的“七秒钟色彩”营销理念，消费者最初认知商品在七秒钟之内色彩的形态首先留在人们的印象里。由此卖场可以通过色彩故事、色彩文化、色彩概念、流行色等因素，加强服装文化内涵，让服装成为具有时代特征和生命内涵的物品，如图 4-1、图 4-2 所示。

图 4-1　色彩营销原则——具有强烈的色彩概念

图 4-2　色彩营销原则——流行色具有时代特征

二、彰显品牌格调定位原则

遵循彰显品牌文化的格调定位，传播品牌形象的原则。让受众一目了然品牌的定位、产品风格、产品特点和目标消费群体等，如图 4-3、图 4-4 所示。

图 4-3　彰显品牌高贵、简约格调定位原则

图 4-4　彰显品牌职业、休闲格调定位原则

三、吸引消费者视线原则

服装陈列色彩设计的目的是通过陈列色彩设计吸引消费者视线，要考虑消费者是怎么“看”商品的，什么样陈列的商品能“吸引”消费者，什么样陈列的商品能“勾起”消费者的购买欲望。

图 4-5　彩度高的色彩更吸引人

1. 彩度高的色彩更吸引人

彩度高的色彩比彩度低的色彩更能吸引消费者，如图 4-5 所示。

2. 暖色比冷色更吸引人

暖色的色彩比冷色的色彩更能吸引消费者，如图 4-6 所示。

图 4-6　暖色比冷色更吸引人

3. 对比强的色彩更吸引人

对比强的色彩比对比弱的色彩更能吸引消费者，如图 4-7 所示。

图 4-7　对比强的色彩更引人注目

概念主题陈列

服装陈列

图 4-8　概念陈列更引人注目

4. 概念陈列更吸引人

概念陈列要比单纯的服装陈列更能吸引消费者，如图 4-8 所示。

5. 模特陈列更吸引人

模特陈列要比衣架陈列更能吸引消费者，如图 4-9 所示。

6. 点挂陈列更吸引人

点挂陈列比侧挂陈列更能吸引消费者，如图 4-10 所示。

模特陈列

衣架陈列

图 4-9　模特陈列比衣架陈列更引人注目

点挂陈列　　侧挂陈列

图 4-10　点挂陈列比侧挂陈列更吸引消费者

灯光照明强　　灯光照明不足

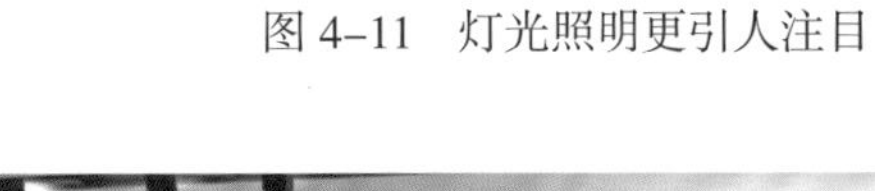

图 4-11　灯光照明更引人注目

7. 灯光照明强更吸引人

灯光照明强比灯光照明不足更能吸引消费者，如图 4-11 所示。

四、整洁性原则

图 4-12　整洁性原则

店铺陈列要保持干净整洁，这是最基本的原则，让消费者进店有一种舒适之感。整洁性原则是指店铺内要保持整洁；店铺内陈列的货品要保持整齐；衣架要往内且一个方向陈列；服装内的吊牌等要朝里，不外露，如图 4-12 所示。

第二节　服装卖场设计方法

在进行服装卖场色彩营销设计时要充分运用色彩营销理念，考虑店铺整体布局的合理性，设置方便消费者在店铺中活动的线路，运用陈列方法吸引和延长消费者看商品的视线，以提高消费者试穿率和购买的客单量。

一、店铺布局与视觉营销

（一）店铺布局

店铺布局由门楣、收银台、休息区、试衣区、陈列区五大部分组成。每个区域的功能有所不同，但作用都是方便消费者购买。门楣和陈列区是店铺形象传播的重点，由于涉及室内装修和品牌设计形象推广的概念，在这里不作太多的介绍。

一个店铺的陈列如同画画，布局很重要。应先了解店铺整体的结构，了解消费者视觉和活动走向，再进行布局，如图 4–13 所示。在布局的时候，特别需要强调的是，消费者活动的通道要畅通，保持两个人双向走动的空间。

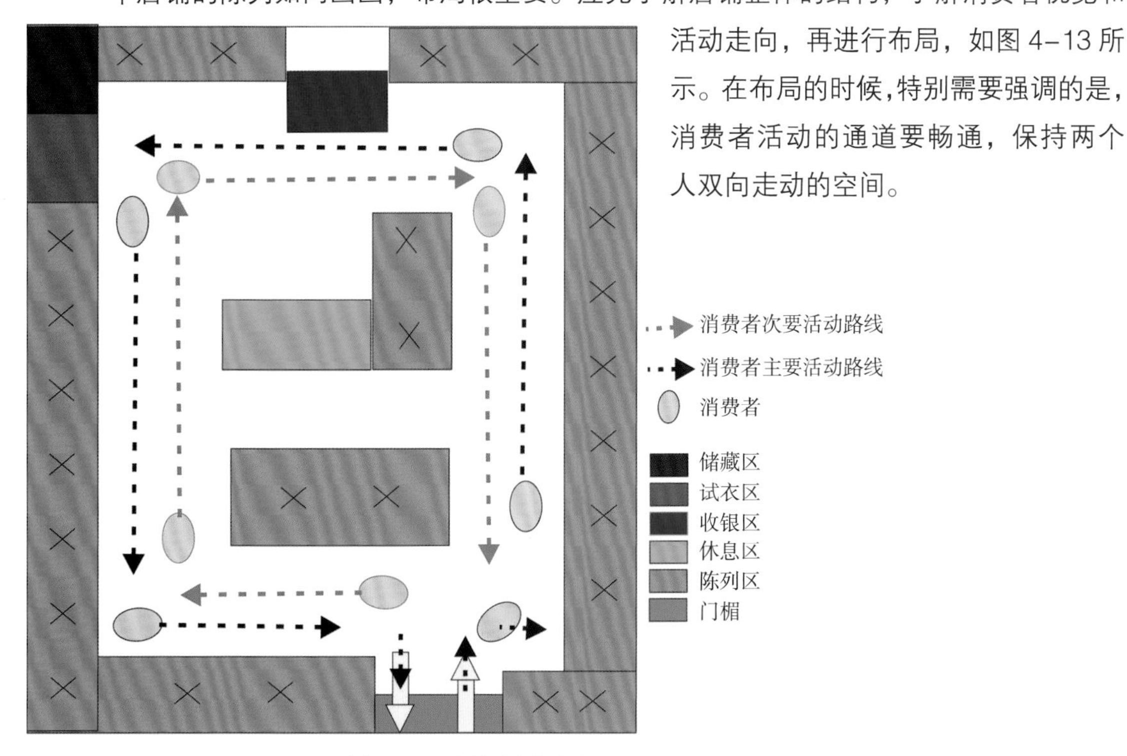

图 4–13　店铺布局图示

1. 陈列区布局与视觉营销

店铺陈列区的布局如图 4-14 所示。陈列区是一定要让消费者走到的地方。消费者最先到达的位置，就是业内所说的 A 区，以橱窗陈列和新品、主推品陈列为主；消费者通过 A 区之后容易到达的区域为 B 区，B 区是陈列品刚下架的新品和销售款。店铺内消费者最不容易到达或容易忽视的死角为 C 区，C 区陈列不受季节影响的基本款和过季款，可以通过主题陈列或概念陈列让它鲜活起来。

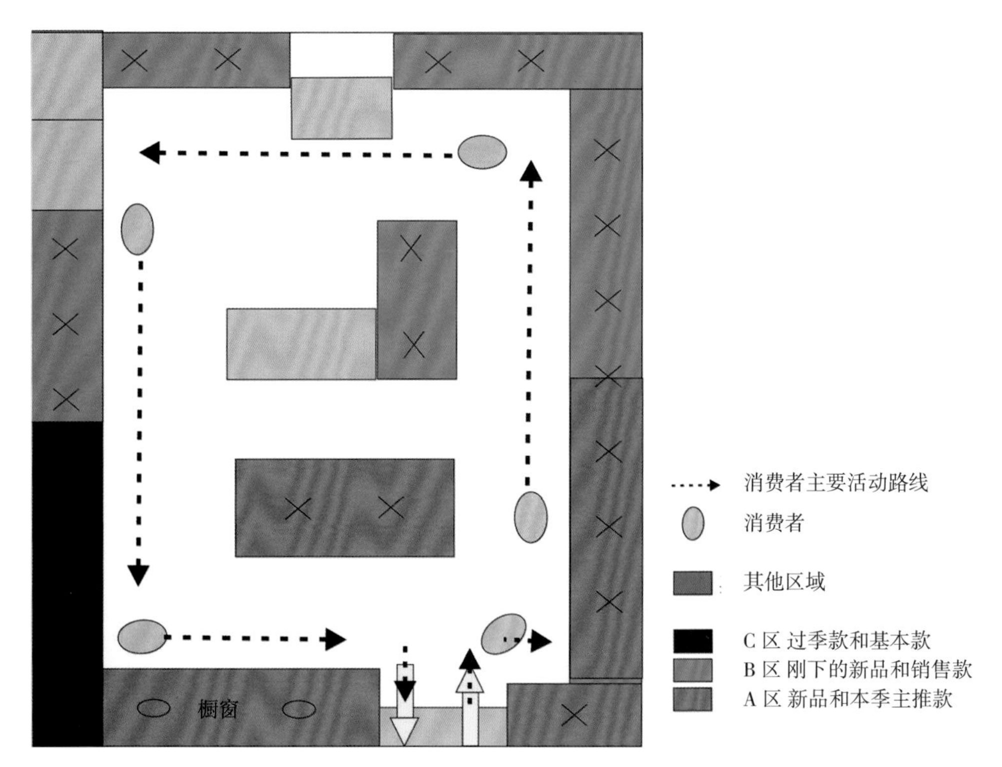

图 4-14 店铺陈列区布局图示

消费者看商品时，并非到这个区域就看这个区域的商品，往往是站在这个区域看的是另一个区域的货品，如图 4-15 所示。因此，店铺在布局设计时，要注意店铺通道畅通。

2. 休息区布局与视觉营销

休息区是消费者放松的区域，但此时消费者的身体在放松休息，眼睛还是在浏览商品，因此，休息区的布局尽量不占用主要的陈列区域，放在店铺中间的位置，但让消费者的视线能浏览到店铺尽量多的商品，如图 4-16 所示。

3. 收银区布局与视觉营销

消费者在付款时，站在收银台前还可以浏览周边的商品，因此，在收银台边上可以陈列一些小的配饰类物品，如图 4-17 所示。

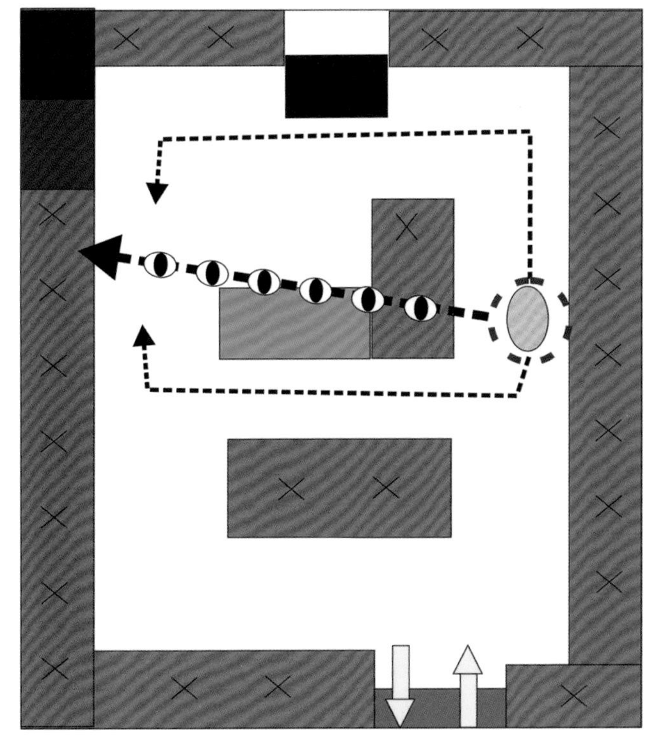

图 4–15　消费者用视线捕捉商品

图 4–16　休息区布局与视觉营销

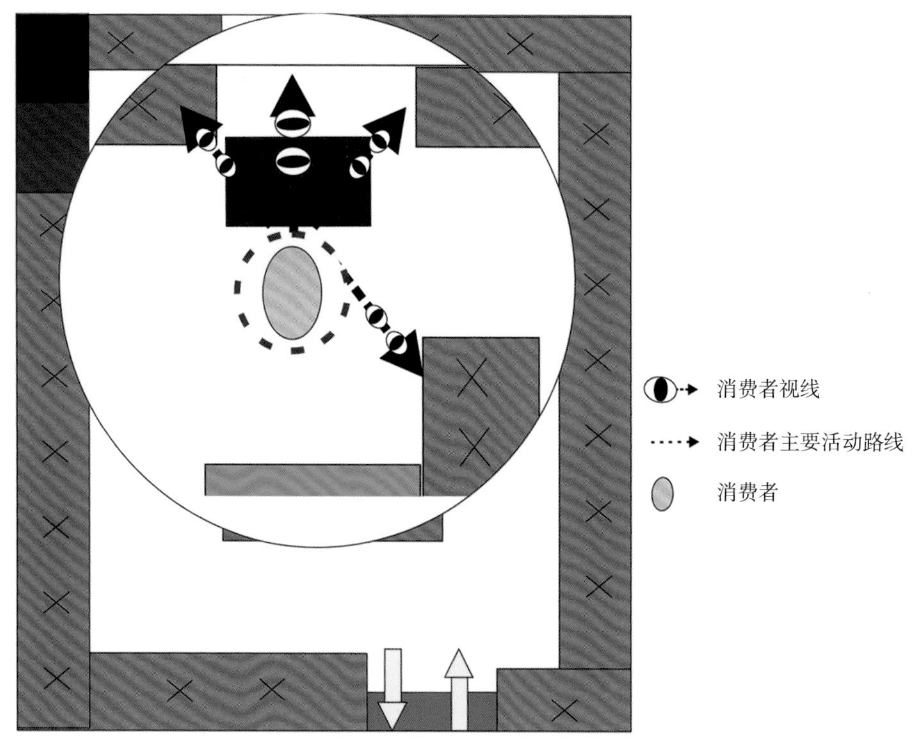

图 4-17 收银区布局与视觉营销

4. 试衣区与视觉营销

试衣区是一个独立的空间，是消费者试衣过程中较为私密的空间，试衣间里的镜子和试衣的鞋子成为消费者察看着装效果很重要的工具。当消费者在试衣的过程中，店务人员还需要再挑选一些适合的服装供消费者试穿。在这里需要强调的是，店务人员在挑选服装时，既要考虑服装与消费者的适合度，还需要考虑多样的服装款式，不能都是同一类型的服装，太多的同类服装往往会让消费者选择困难，结果销售反而没有达成，不同类型的服装让消费者有了更多的选择，且提高了客单量。

5. 储藏区与视觉营销

在店铺布局中，必须留一定的空间储藏服装用。储藏室虽然不是直接的视觉营销，却是带动销售一个很重要的场所。储藏室存放物品要有规律，品类、尺寸、色系的摆放需要有一定的秩序性，以便以最便捷、最快的速度为消费者服务。

（二）店铺陈列最基本的构成

店铺陈列看起来是复杂的，分解开则是点、线、面、体的构成。熟悉点、线、面、体形成规律和消费者视线活动的关系，有利于更好地促进销售。

1. 点的陈列

点是视觉的焦点和中心，如图 4-18 所示。在陈列时，要将主推产品进行重点陈列，可

图 4-18　点的陈列

以通过点的形式进行陈列。

点移动的轨迹在视觉上形成了线，这种视觉上线的形成前提是点，为同样色彩或者形状，如图 4-19 所示。这种同色所形成的线在陈列上井然有序，适合产品品类多、色彩多的品牌，将色彩进行归类后进行叠放陈列。

一旦点的色彩或形状发生变化，这种视觉上所形成线的方向也发生变化，如图 4-20 所示。这种点的轨迹的陈列方法打破了同色秩序感的陈列，有一定的变化和生动感。

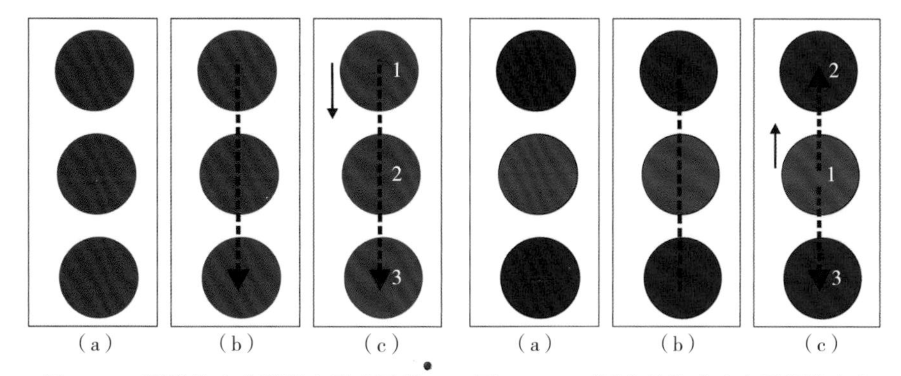

图 4-19　同样的点在视觉上形成了线　　图 4-20　不同点的轨迹改变了视觉方向

图 4-21 所示，图（a）中的三个点正如图（b）所示，在视觉上形成了一个面，消费者看东西的视觉轨迹是从上到左再到右，如图（c）所示。

同样排列的三个点，点的色彩或形状发生变化，消费者看东西的视觉也同样发生变化，如图 4-22 所示，消费者看东西的视觉焦点往往会被视觉冲击感强的色彩所吸引。

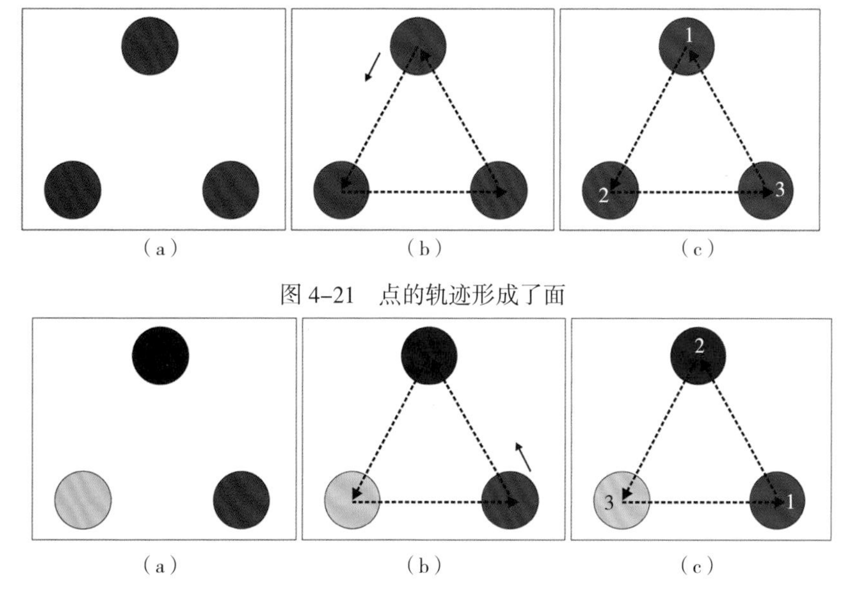

图 4-21　点的轨迹形成了面

图 4-22　不同的点改变了视觉轨迹

同样是点形成的面，由四个点构成了一个正方形，与上面提到的三个点所形成的三角形相比，前者的视觉轨迹是从上到左再到右，正方形的特点是四平八稳，四个点同时展现，视觉轨迹是从左到右、从上到下的规律，如图 4–23 所示。

点在体中的陈列，所形成的轨迹有透视感，有远近之分，一般而言是先中间再前面到后面。所以在橱窗陈列设计中，与消费者视觉同样高度的中间往往是重点，然后才是前景和后景，如图 4–24 所示。

店铺中的点是正挂的服装、一个模特、一只或一双鞋子、一个包、一个商品组合等，店铺内的 POP 陈列也可以算作一个点，如图 4–25~图 4–27 所示。

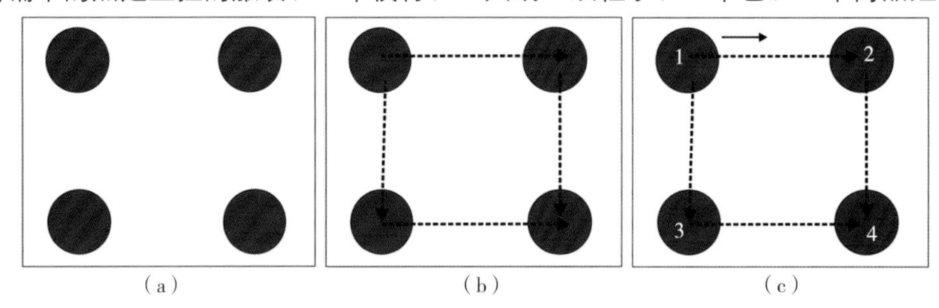

图 4-23　四个点形成的视觉轨迹较为平稳

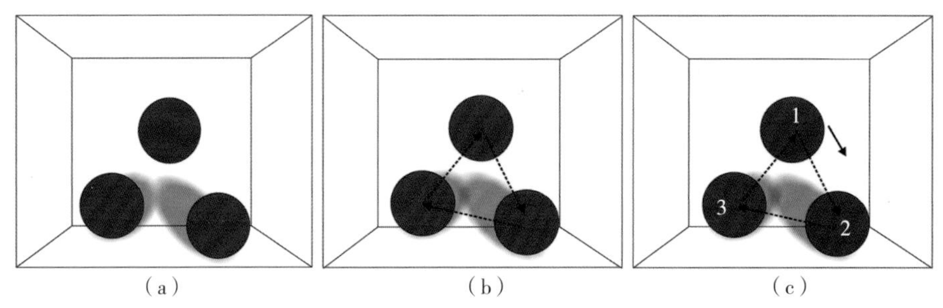

图 4-24　点在体中的视觉轨迹

点的陈列样式可以设计：整齐、规整的形彰显出较为正式、优雅之感；不规则的、松散的、随意的形则呈现出活跃、年轻、休闲之感，如图 4–28 所示。

2. 线的陈列

线是由一个个点联结起来，是视觉移动的轨迹，如图 4–29、图 4–30 所示。图 4–29（a）鞋子是以一个个点进行陈列，看起来如图 4–29（b）所示，是以横向水平进行陈列，而实际上视觉移动的轨迹是如图 4–30 所示，一个由相同或有秩序的色彩连续起来的视觉轨迹线。

图 4-25　不同点的陈列 1

图 4–26　商品组合形成的点

图 4–27　不同点的陈列 2

休闲

正式

图 4–28　点的设计

（a）　（b）

图 4–29　点的轨迹形成了线的陈列

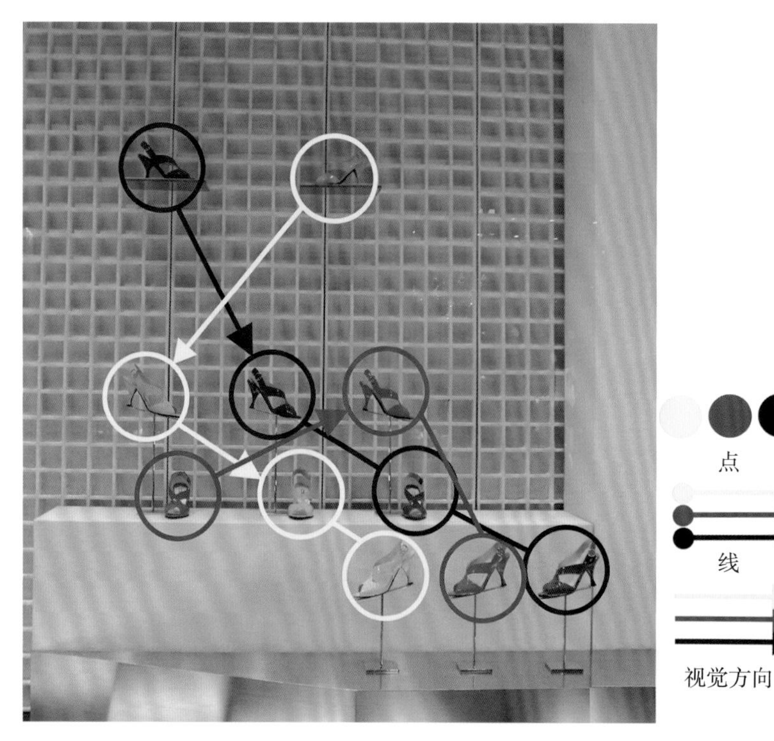

图 4-30　点的视觉轨迹线

店铺陈列中，侧挂服装呈现出线的美感，如图 4-31 所示。

侧挂陈列中服装的底摆所形成的线也需要有一定的规律性，如图 4-32 所示。

不同的侧挂陈列形成不同的线感，如图 4-33 所示，是裤子的不同侧挂陈列，所显现出来的线有平整的正式之感和随意的休闲之感。

图 4-31　线的陈列

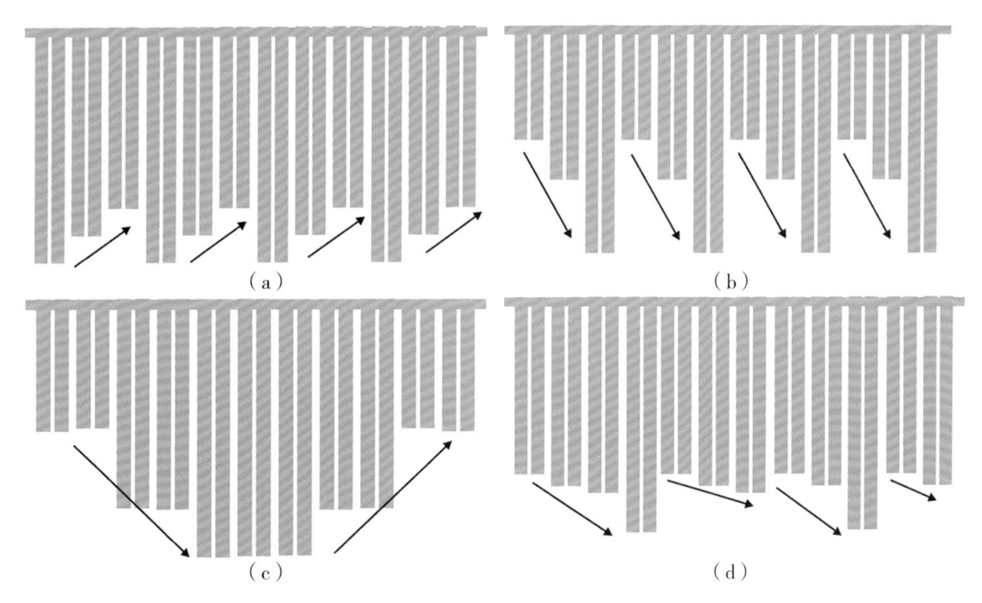

图 4-32　侧挂底摆所形成的线的轨迹

图 4-33　裤子侧挂呈现的不同线感

3. 面的陈列

由点、线或点和线构成的一个仓位构成了一个面，如图 4-34、图 4-35 所示。

面的构成可根据店铺中实际的货品数量进行区域和仓位的划分，大致可以分为以单品品类为主的分类陈列；以色彩为主调的色系陈列；以主题概念为主的系列化陈列。

图 4-34 所示，在陈列方式上是点的陈列，在货品中全部是衬衫为主的分类陈列。

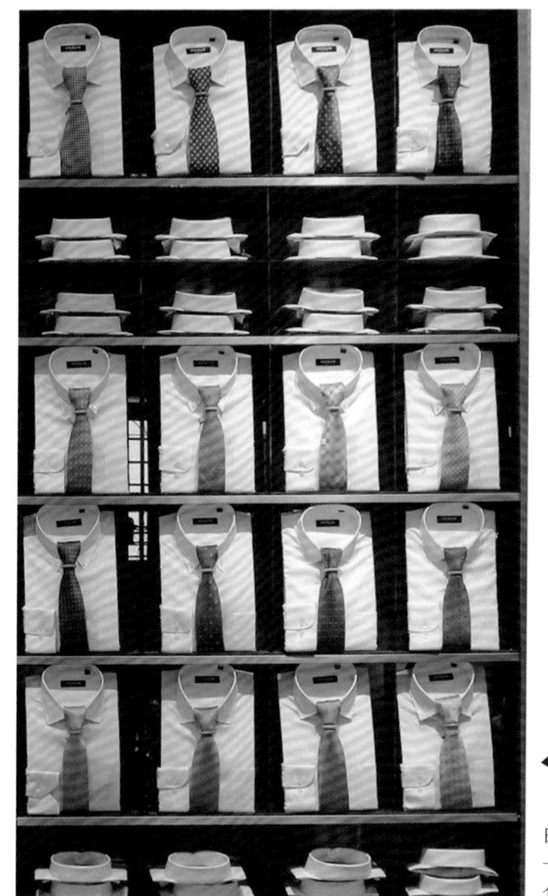

图 4-34　以点构成的一个面——分类陈列

图 4-35 所示，在陈列方式上是线的陈列，在货品中以黄色为主调的色系陈列。

图 4-36 所示，在陈列方式上是点、线结合的陈列，在货品中以红、蓝白花卉为主题概念的系列化陈列。

不管是哪一种陈列方式，一个陈列面的服装风格具有关联性，服装与服装、服装与饰品之间可以互搭。

图 4-35　以线构成的一个面——色系陈列

图 4-36　以点、线结合构成的一个面——主题系列化陈列

4. 体的陈列

体具有空间感，由点、线、面构成。

一个店铺是大的体积空间，在这个整体的空间里要划分好陈列空间。店铺里男、女、童装品牌都有的，可分男装、女装、童装区域，男装品牌一般每季按主题系列分 3~4 个主题，如图 4-37 所示，进行主题陈列空间区域的划分，可分为正装区、商务区、休闲区。一般情况下，区域的划分可以根据实际陈列的需求，区域之间的陈列可以变换。

有些品牌是以某一品类为主营的，则开设专门的区域进行该品类的陈列。

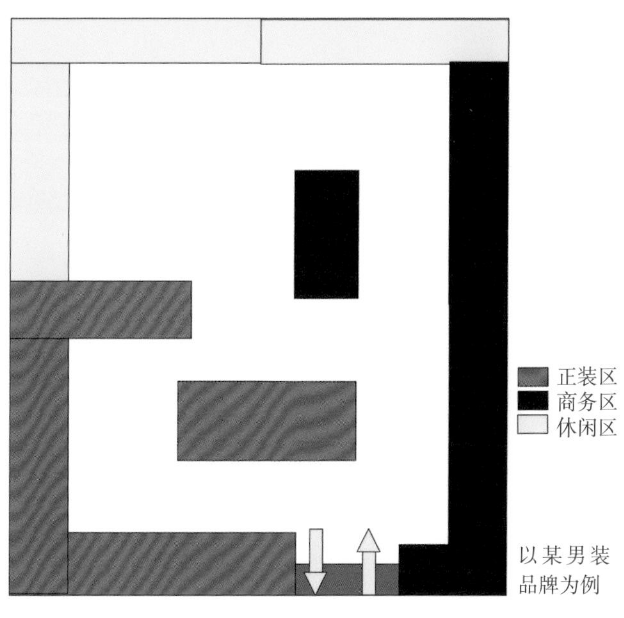

图 4-37　店铺空间的区域划分

橱窗是个独立的体积空间，如图 4-38 所示。

体

图 4-38　体的陈列——橱窗

店铺中中岛的陈列经常是一个体的主题陈列，要考虑陈列的方式和物品之间的关联性，如图 4-39 所示。

由点线逐渐构成的体——中岛

图 4-39 体的陈列——中岛物品陈列

中岛经常还会用模特的形式进行陈列，在陈列时要注意模特之间的动作关联度，通过模特脸部和身姿的走向，让他们相互之间有个语境，如图 4-40 所示。

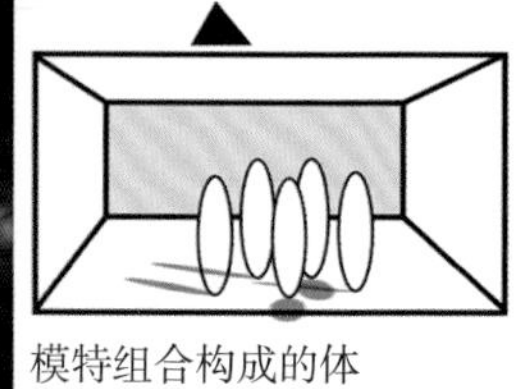

模特组合构成的体阴影为模特脸部朝向

图 4-40 体的陈列——中岛模特陈列

二、色彩陈列设计

色彩陈列设计，是抛开色彩之外的材料、形状等因素，单纯从色彩角度进行陈列设计。黑、白、灰作为无彩色，经常在色彩陈列设计中作为调和的颜色。

（一）色相基调陈列设计

1. 同一色相为基调

色相基调陈列设计是以同一色相或类似色相为基调，色调上不作要求，如图 4-41 所示，是色相基调的同一色相配色陈列设计，单一色相蓝色的情感丰富。

图 4-42 所示，是色相基调的同一色相的陈列。突出当季的主推色红色，黑白色在这里起到调和的作用。

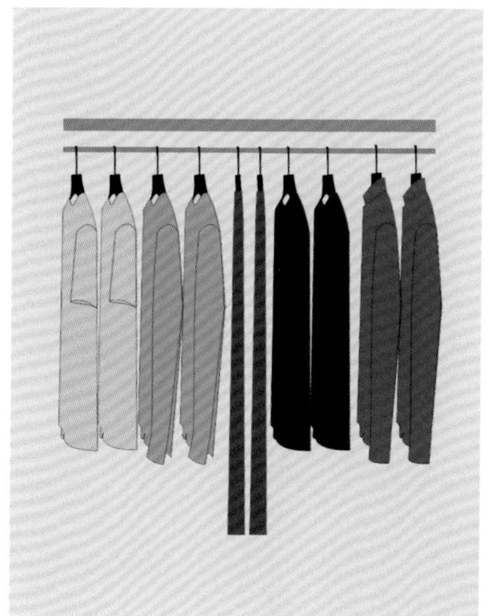

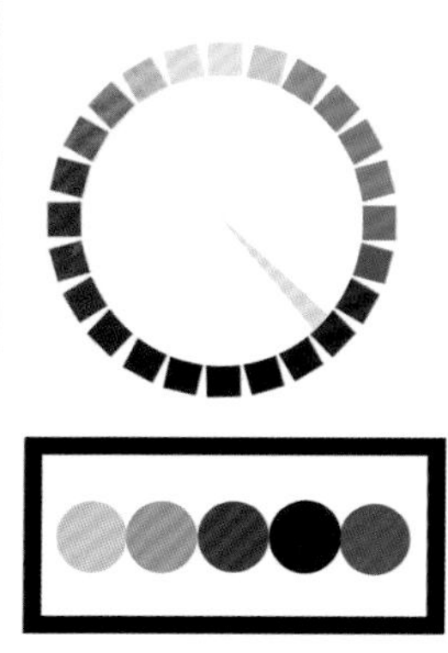

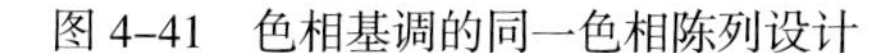

图 4-41　色相基调的同一色相陈列设计

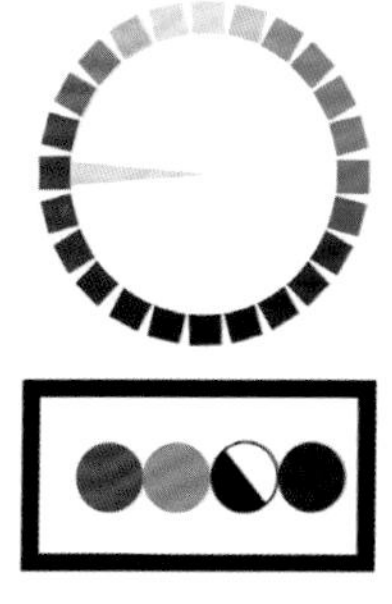

图 4-42　色相基调的同一色相橱窗陈列

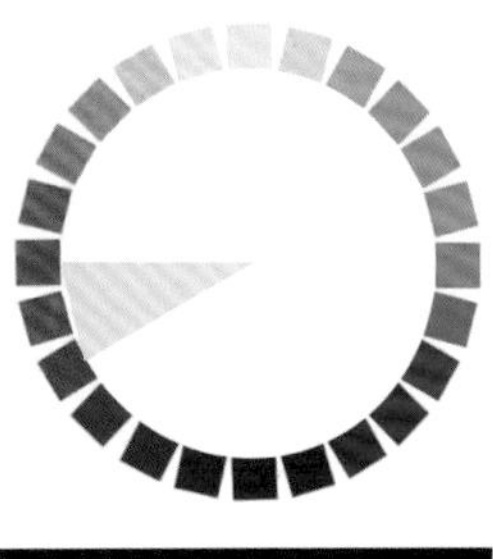

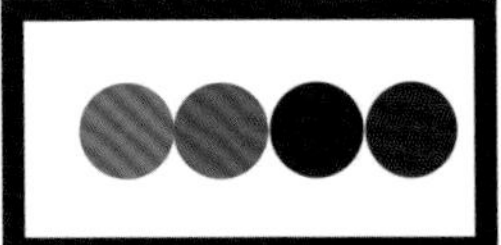

2. 类似色相为基调

图 4–43 所示，是色相基调的类似色相配色陈列设计，色相既有较强的统一感，又略有色相上的差异感。

图 4–44 所示，是色相基调的类似色相的陈列。鞋子中鲜艳的红色点缀使整个陈列充满了时代气息。

图 4–43　色相基调的类似色相陈列设计

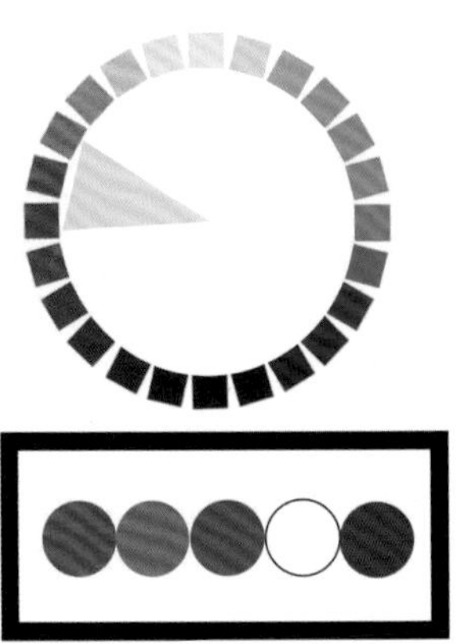

图 4–44　色相基调的类似色相橱窗陈列

（二）色调基调陈列设计

色调基调陈列设计是指色彩在黑度、白度、灰度上的量相同或相似，在视觉上产生相同或类似的色感。色调陈列设计指同一色调或类似色调为基调，不考虑色相关系。

1. 同一色调陈列设计

如图 4-45 所示，是色调基调的同一色调陈列设计，纯度一致。

如图 4-46 所示，是同一色调的陈列。

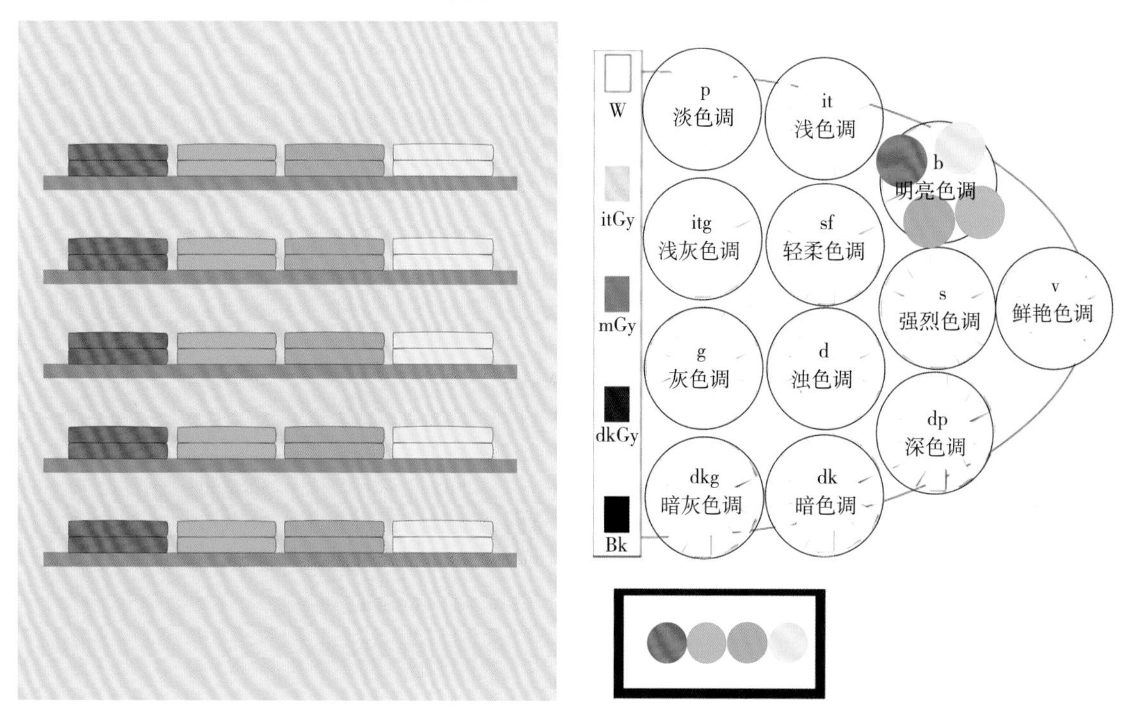

图 4-45　色调基调的同一色调陈列设计

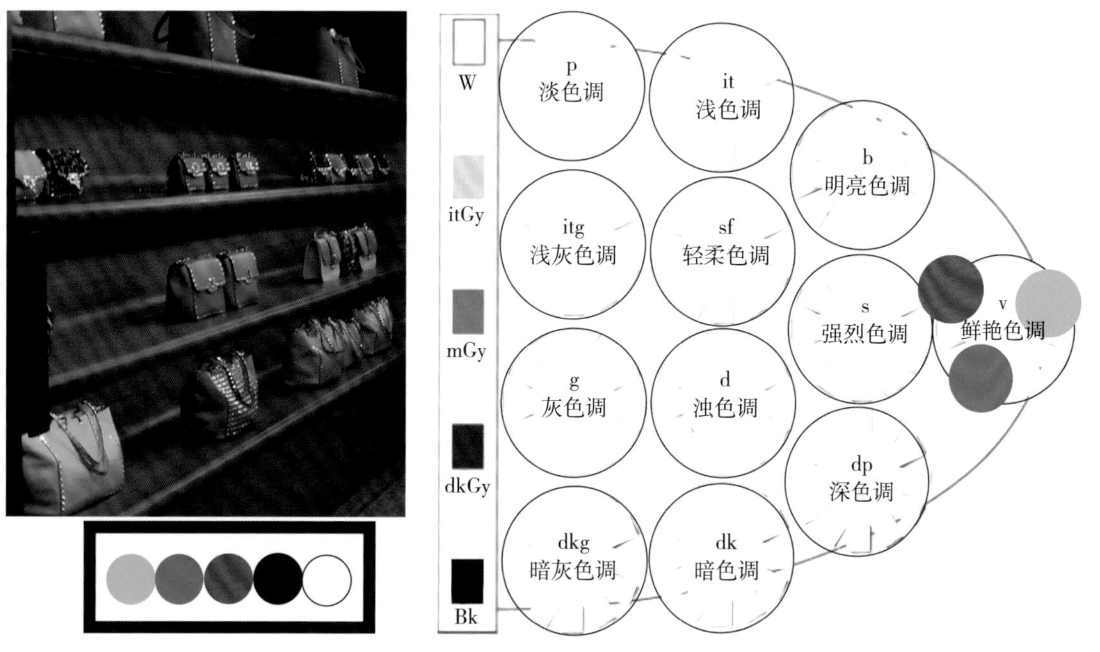

图 4-46　色调基调之同一色调的陈列

2. 类似色调陈列设计

如图 4-47 所示，是色调基调的类似色调陈列设计。

如图 4-48 所示，是类似色调的橱窗陈列。

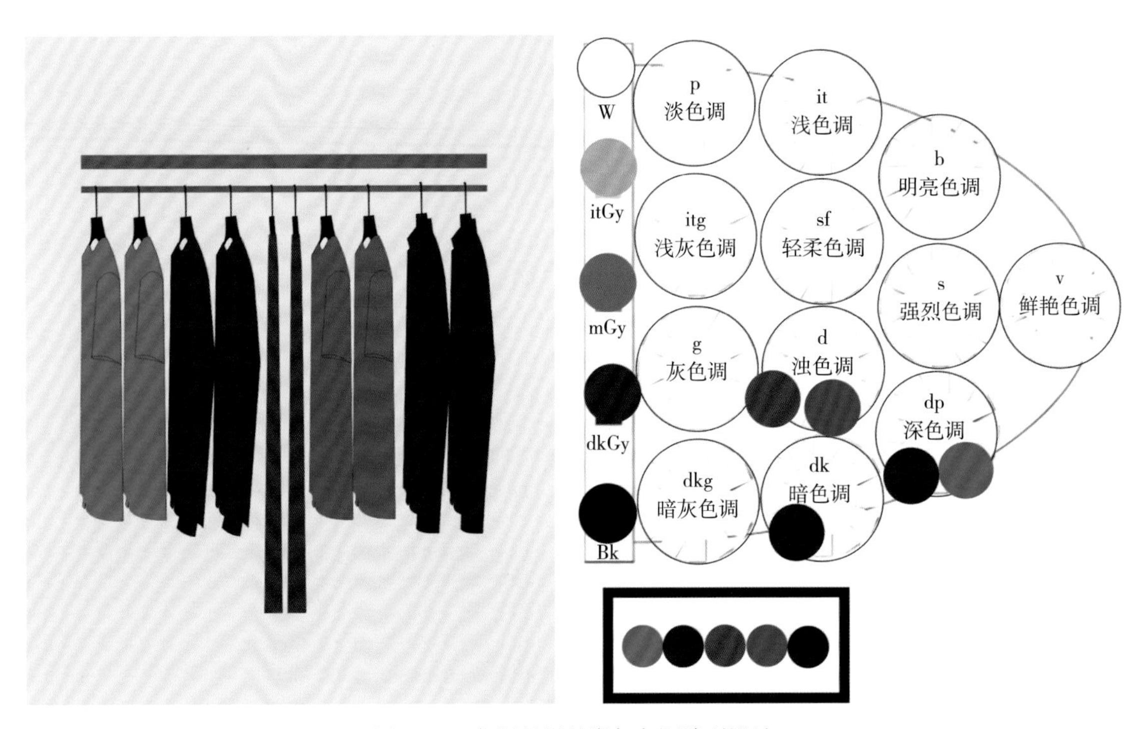

图 4-47　色调基调的类似色调陈列设计

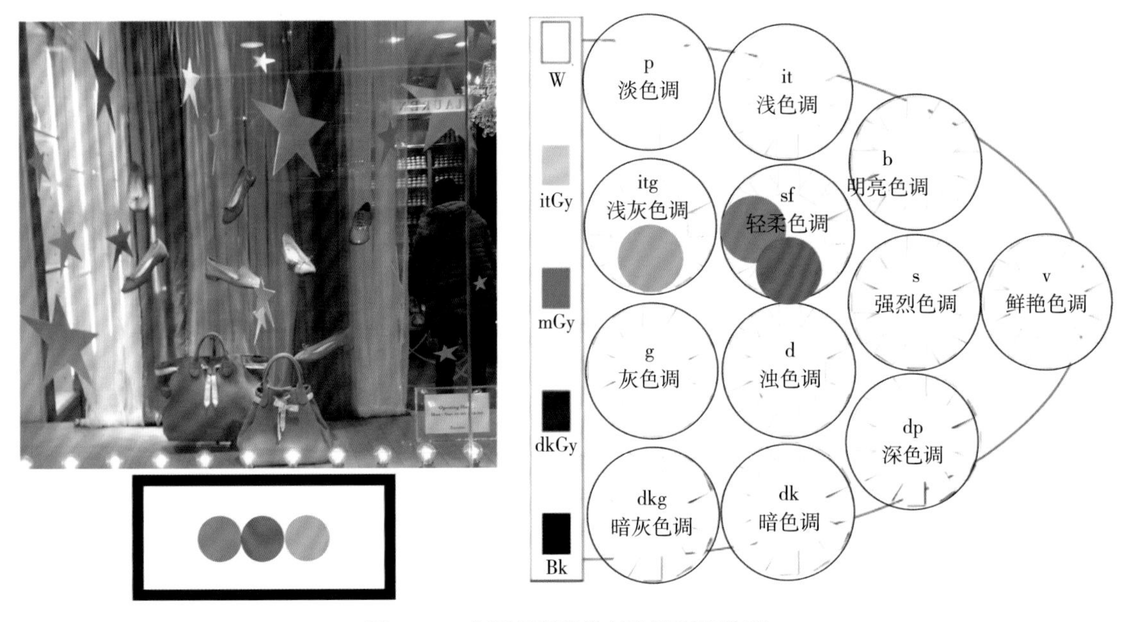

图 4-48　色调基调的类似色调橱窗陈列

（三）色彩渐变陈列设计

色彩渐变陈列设计包括色相渐变设计、明度渐变设计、纯度渐变设计和色调渐变设计，是一种和谐且视觉平衡的陈列设计方法，经常被用于在用色多的快时尚或者单品的陈列设计。

1. 色相渐变设计

色相渐变设计是以色相渐变为主调的色彩陈列设计，如图 4-49 所示。店铺中色彩较为丰富的商品可以采用色相渐变的陈设手法，使商品更有秩序感。

图 4-50 所示，陈列设计采用一组模特的服装使用色相渐变的手法进行设计，模特穿着的服装互相联系，形成秩序感，同时给消费者一个信息，这组商品的色彩丰富，可以随意挑选。

彩虹色彩陈列设计是色相渐变应用较多的一种陈列设计方法，全色相的商品采用有序陈

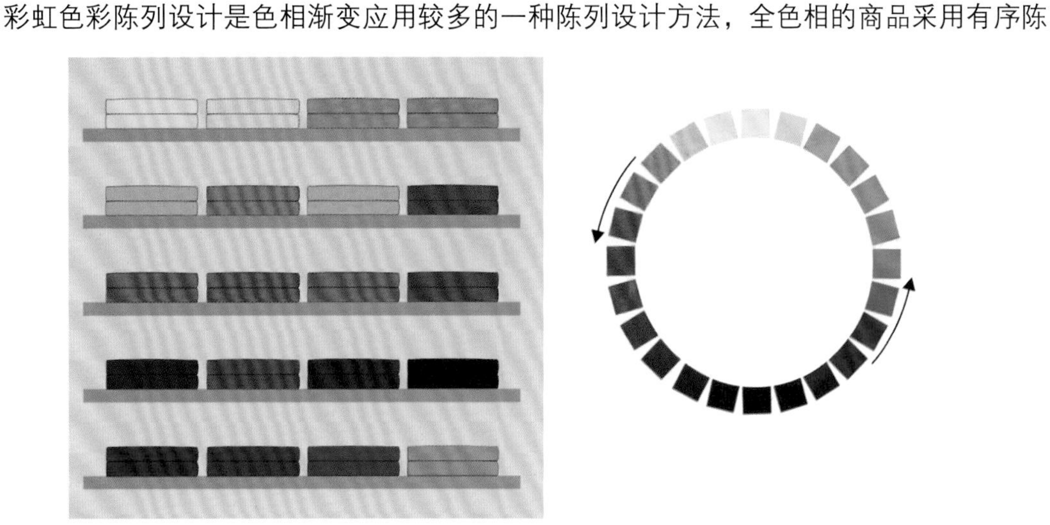
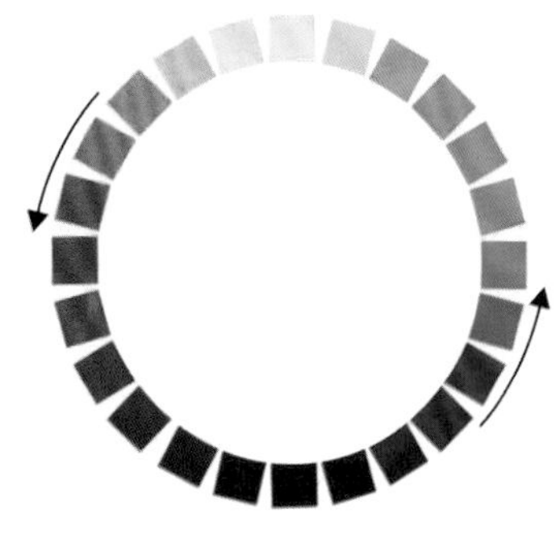

图 4-49　色相渐变陈列设计

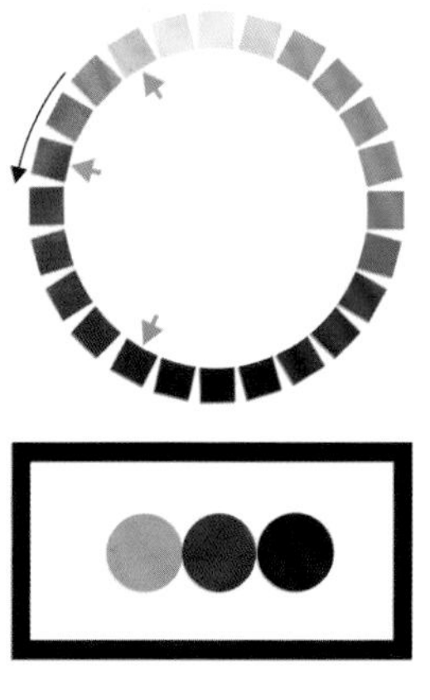

图 4-50　色相渐变陈列

列，产生和谐、绚丽的美感，如图 4–51 所示。常用此种陈列设计方法的是领带、衬衫、围巾等色彩设计丰富的单品商品陈列。

2. 色调渐变设计

色调渐变设计是以色调渐变为主，不考虑色相关系的色彩陈列设计。图 4–52 所示，是

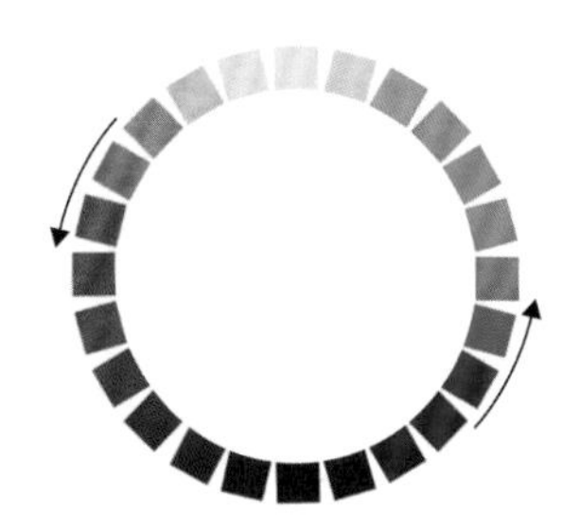

图 4–51　彩虹陈列（全色相渐变陈列）

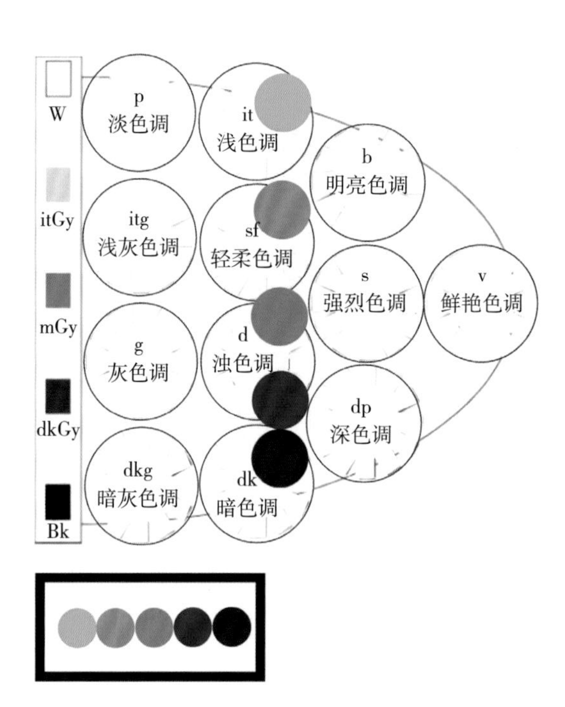

图 4–52　色调渐变陈列设计

色调渐变的陈列设计。

如图 4-53 所示，是色调渐变陈列。

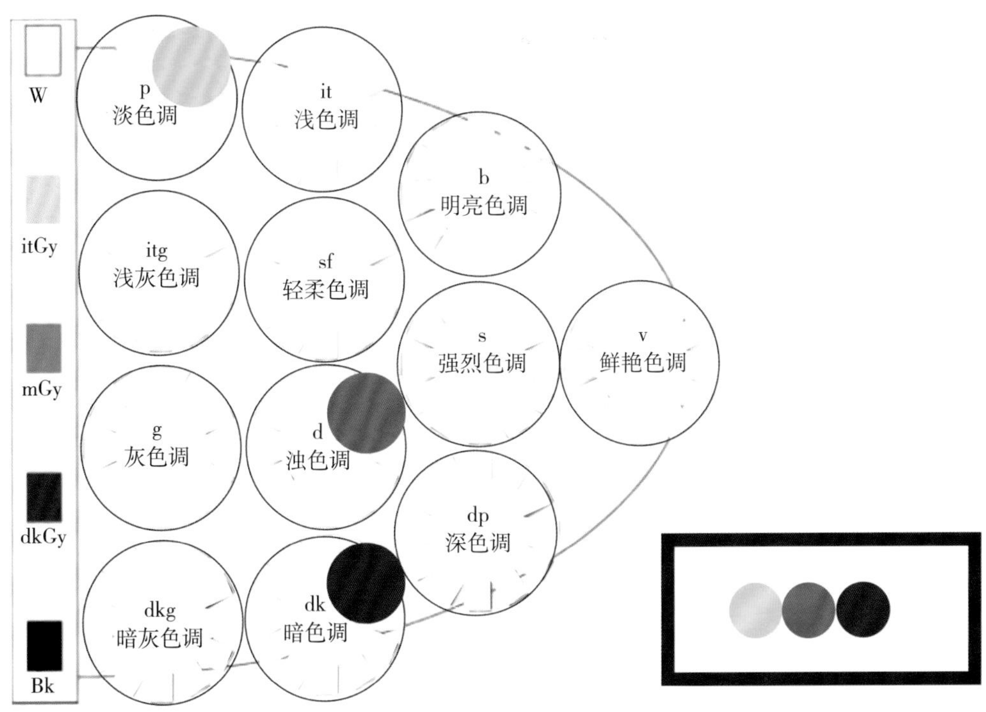

图 4-53　色调渐变陈列

3. 纯度渐变设计

纯度渐变设计是以纯度渐变为主，不考虑色相关系的色彩陈列设计。图 4–54 所示，是纯度渐变陈列设计。

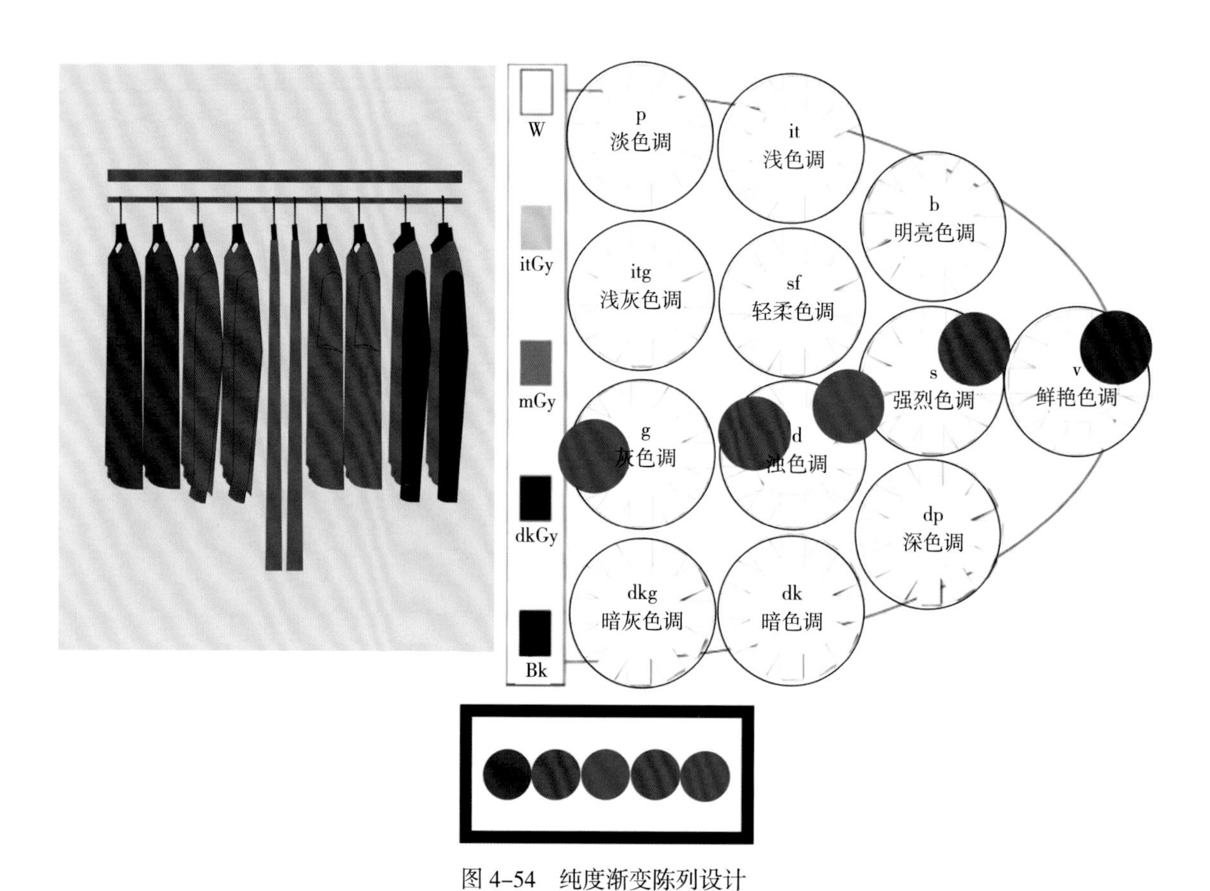

图 4–54　纯度渐变陈列设计

图 4–55 所示，是纯度渐变陈列。一般单品色彩丰富，同一色中又包含了很多色度的品类采用此种陈列设计的较多。

4. 明度渐变设计

明度渐变设计是只考虑色彩的明度、轻重关系，以色彩的轻重感来进行的陈列设计。图 4–56 所示，是一组黑、白、灰的渐变陈列设计。

图 4–57 所示，黄色、玫红色、深绿色三个色彩的陈列设计考虑三个色彩的明度关系，进行从轻到重的陈列设计。

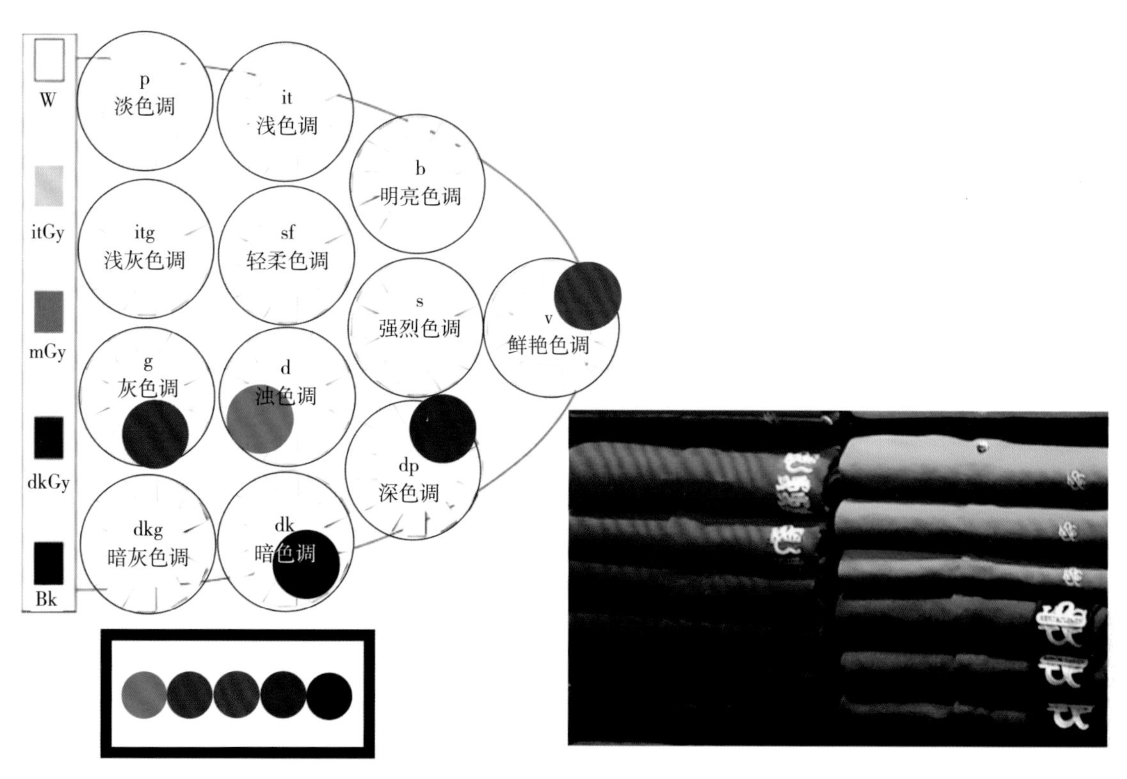

图 4-55 纯度渐变 T 恤陈列

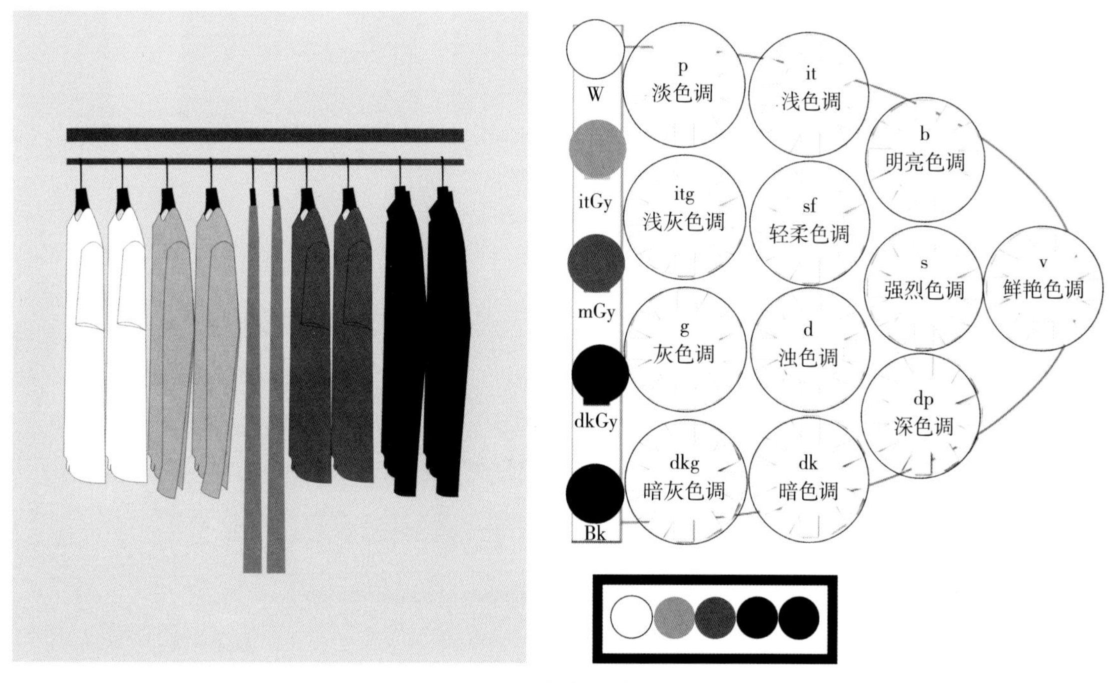

图 4-56 明度渐变陈列设计

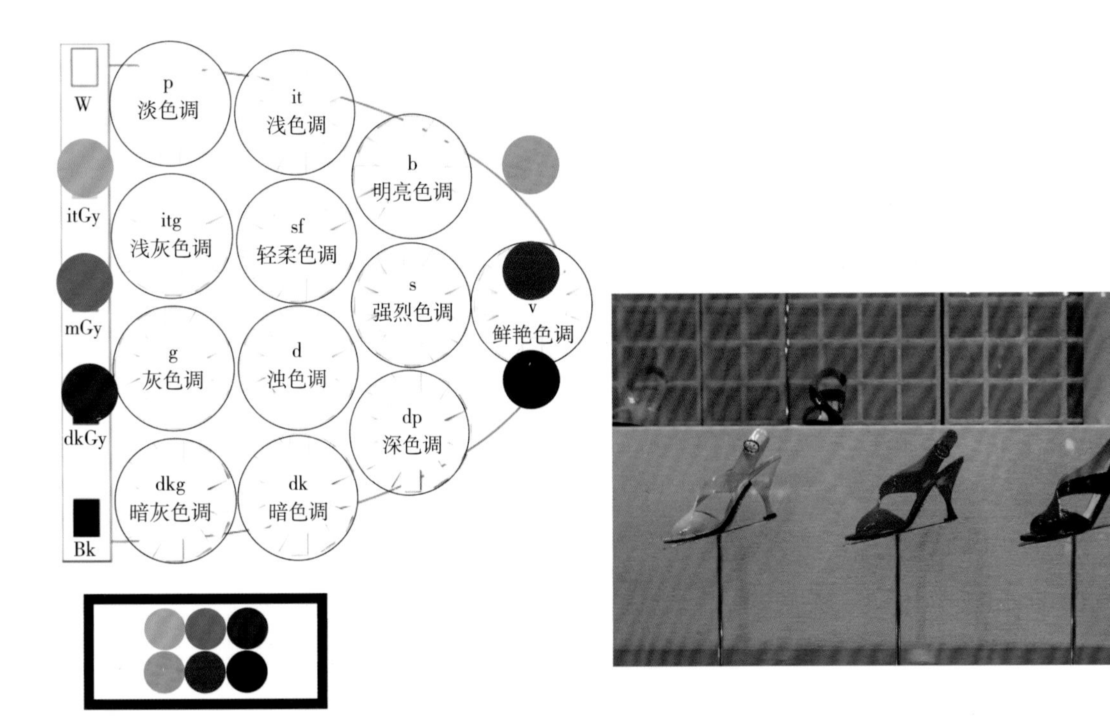

图 4-57 明度渐变陈列

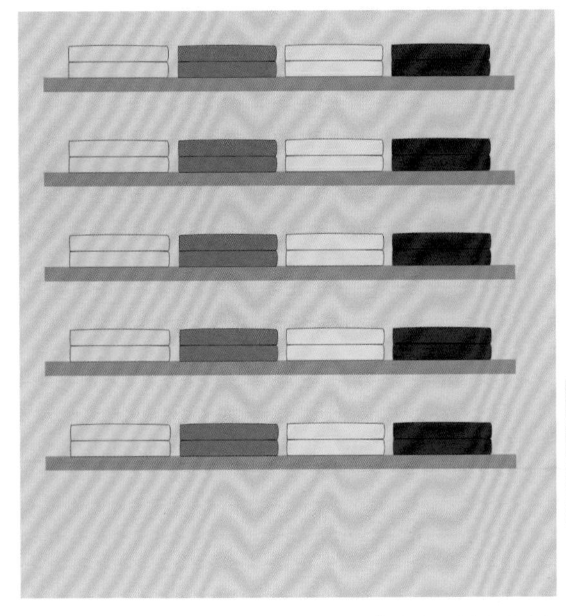

（四）色彩间隔陈列设计

色彩间隔陈列设计打破了陈列设计过程中一种色彩或一种色调的陈列设计，通过有一定对比度的色彩进行间隔陈列设计使陈列面产生有规律的变化，让顾客更好地分辨色彩。图 4-58 所示，通过色相对比进行间隔陈列设计，陈列生动。

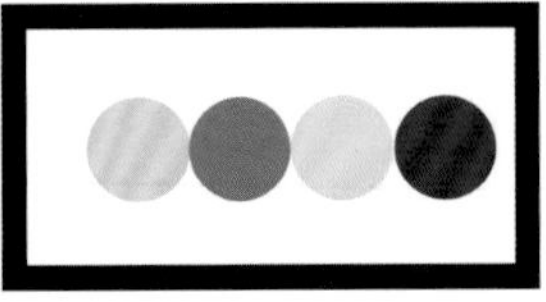

图 4-58 对比色相的对撞间隔陈列设计

图 4–59 所示，有彩色红色与无彩色黑色的间隔陈列设计，生动、经典。

图 4–60 所示，是米灰色和白色的间隔陈列设计，营造了一种安静、雅致之感。

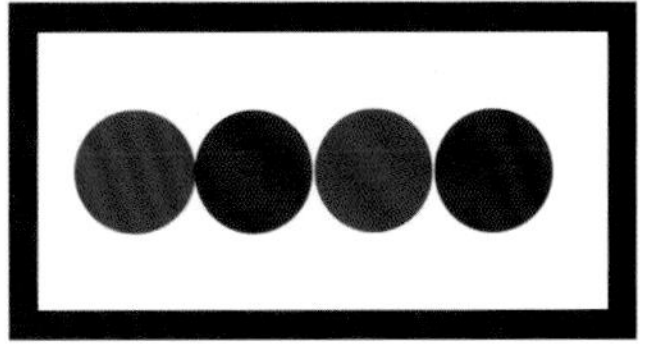

图 4–59　有彩色与无彩色的间隔陈列设计

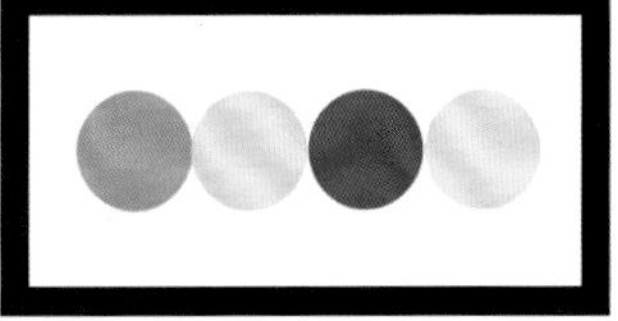

图 4–60　有彩色与无彩色的间隔陈列

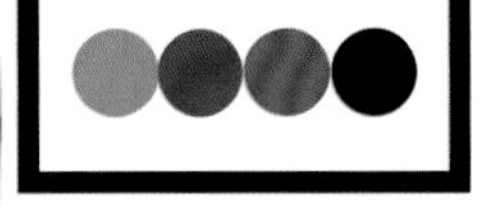

图 4-61 所示，橱窗模特的服装采用色彩间隔的排列，既有统一性又有变化。

图 4-61　橱窗模特服装间隔陈列

（五）色彩对撞陈列设计

色彩对撞陈列设计是通过对比色相或色调展现出动感、活跃的气氛的陈列设计。如图 4-62、图 4-63 所示，通过色相对比进行陈列面的陈列设计，让人感受到活跃的气氛。

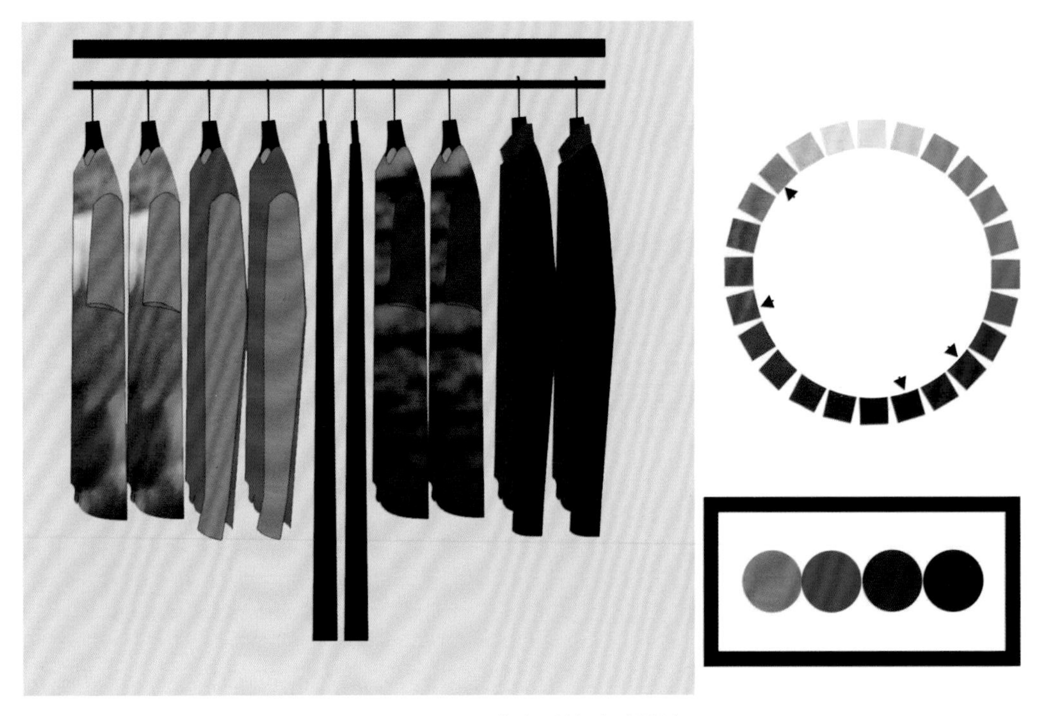

图 4-62　色相对撞陈列设计

图 4-63　色彩对撞陈列

图 4-64 所示，是对比色相、对比色调的陈列，色感丰富有变化。

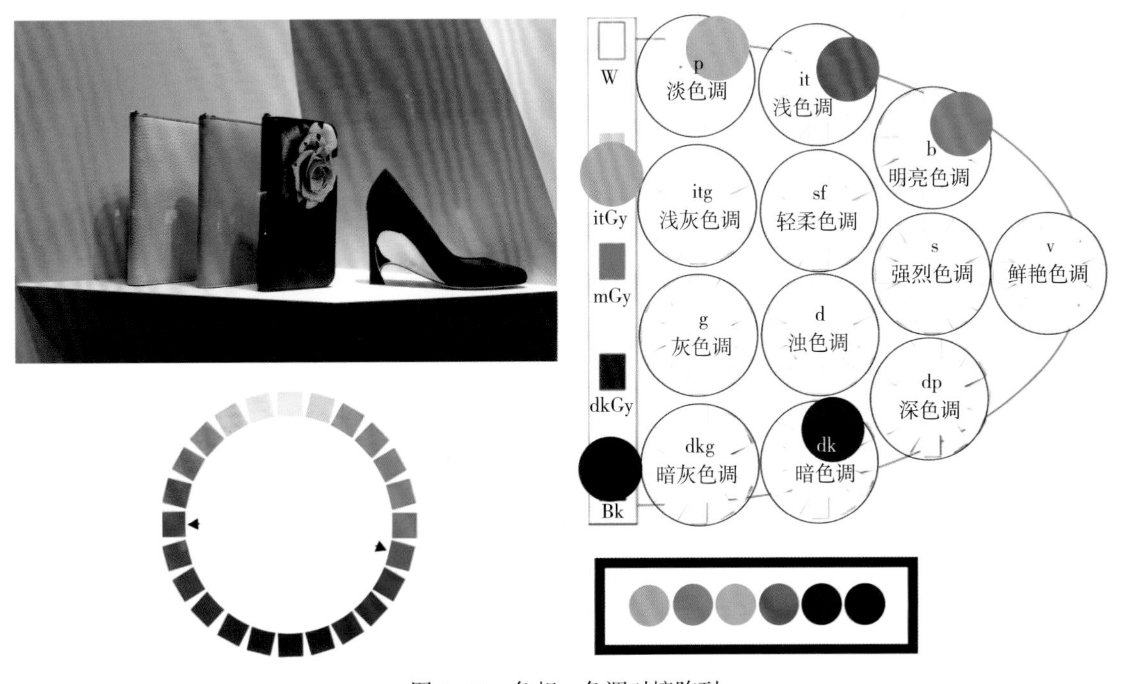

图 4-64　色相、色调对撞陈列

（六）新的色彩陈列设计

远看色，近看花。在陈列中，一种颜色越不常见，它就显得越时尚，越能吸引消费者的视线。因此，每季开发的新的、流行的、时尚的色彩（这种色彩可以是一种色彩，也可以是一组色彩），总是首先陈列在橱窗和最引消费者视线的 A 区。当然，一定程度上这种新的色彩蕴含着文化情感，如图 4-65 所示。

图 4-65　新的色彩陈列

三、主题概念陈列设计

在现代激烈的市场竞争中，与电子商务相比，店铺最大的优势就是通过体验式的主题概念设计，让消费者身临其境，享受体验中得到的满足感。主题概念设计将店铺或橱窗呈现一种与目标消费群体相一致的情感情景化设计，引导新的生活方式、生活理念和创意理念。

图 4-66 所示，是运动健康的生活方式的引导，与当下人们追求生活品质的理念相吻合。

图 4-67 所示，橱窗设计体现了高科技与生态环保的综合概念。

运动健康的生活方式

图 4-66　生活理念引导的橱窗主题概念陈列设计

图 4-67　高科技与生态环保相结合的橱窗主题概念陈列设计

图 4-68　系列化陈列设计 1

四、系列化陈列设计

系列化陈列设计是将可搭配的服装及其他商品进行搭配性的陈列，提高消费者对商品的认识，提高客单量。比如将西服与衬衫、领带、包、香水、袖扣等陈列在一起，如图 4-68、图 4-69 所示。

图 4-69　系列化陈列设计 2

五、连带陈列设计

连带陈列设计不同于系列化陈列设计，是以消费者方便购物为出发点，将商品连带陈列在一起，方便消费者购买。如超市里从消费者购买的数据中统计了解到，男士消费者购买啤酒时还会购买孩子的尿不湿，于是将这两个商品连带陈列在一起，以便消费者方便购买，如图 4-70 所示。

六、留白陈列设计

留白陈列设计看似将寸土寸金的店铺留白不陈列，此时却是“少即是多”的道理，将消费者的视线集中在陈列的商品中，如图 4-71 所示。

图 4–70　连带陈列设计

图 4–71　留白陈列设计

七、节奏感陈列设计

节奏感陈列设计通过以下两种方式展现：通过秩序的排列成为有节奏感陈列；通过色彩旋律的音符形成一种如同音乐般的节奏感陈设，让消费者如同置入不同旋律的音乐中。

图 4-72 所示，通过模特排列的一致性，形成有秩序的节奏美感。

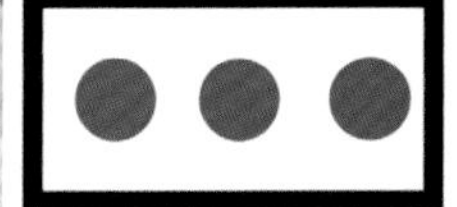

图 4-72　排列节奏感陈列设计

图 4-73 所示，通过色彩的间隔排列形成陈列面的节奏感。

图 4-73　色彩节奏感陈列设计

八、色彩造型陈列设计

1. 三角形造型陈列设计

三角形造型陈列设计是通过高低起伏的展示，让消费者的视线从高到低、从左到右游视，以至看到陈列面中所有的商品，如图 4–74、图 4–75 所示。

图 4–74　直角三角形造型陈列设计

图 4–75　橱窗直角三角形造型陈列设计

2. 色彩三角形造型陈列设计

色彩三角形造型陈列设计是通过色彩在视觉上形成三角形的造型陈列，如图 4-76、图 4-77 所示。

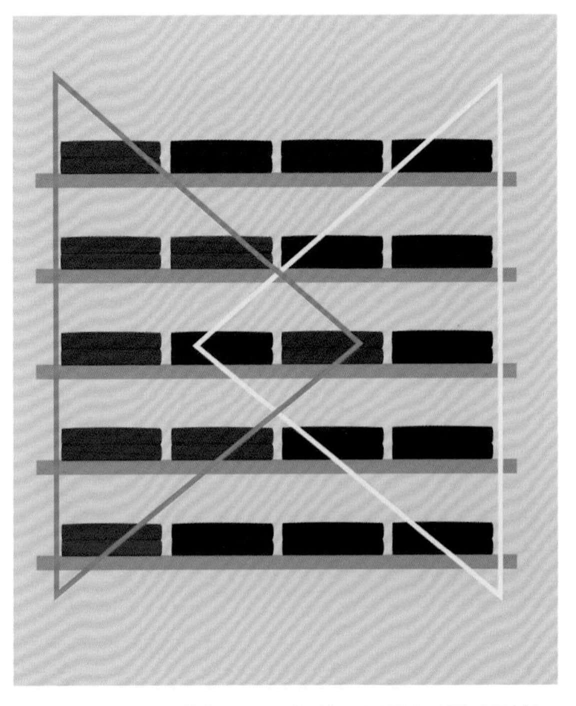

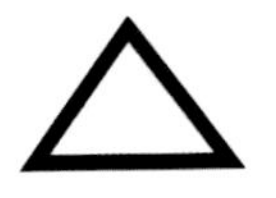

图 4-76 色彩三角形造型陈列设计 1

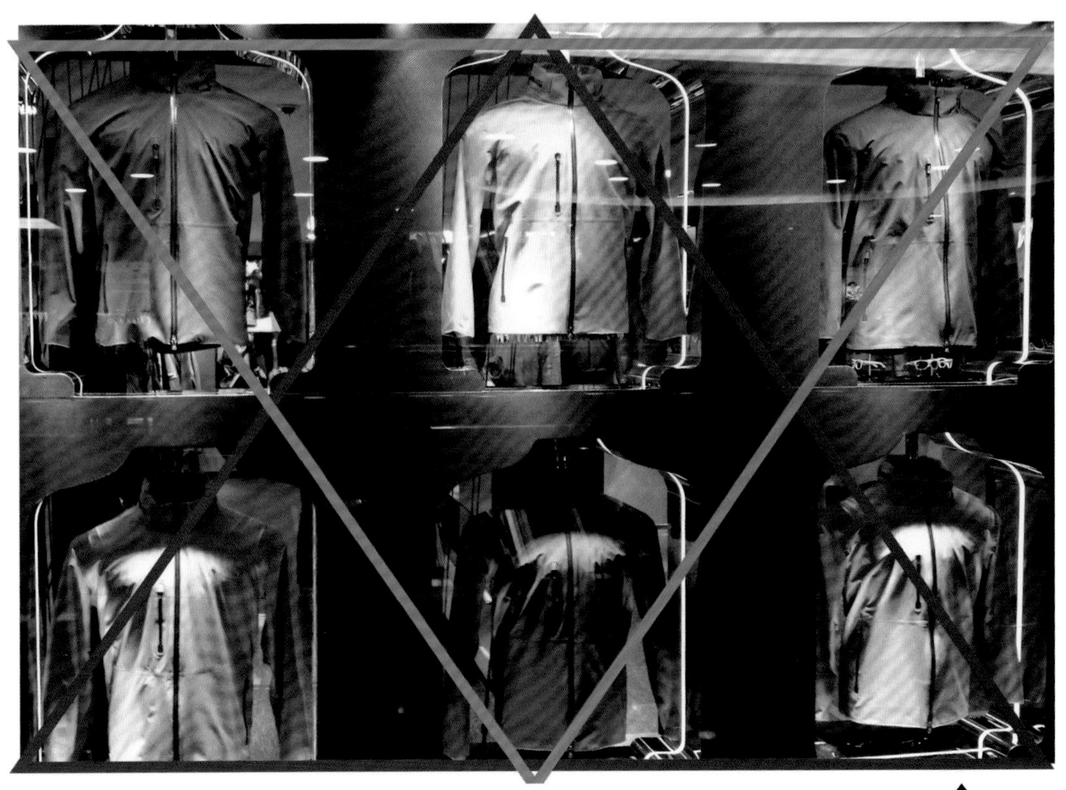

图 4-77 色彩三角形造型陈列设计 2

3. 色彩其他造型陈列设计

色彩其他造型陈列设计，如图 4-78~ 图 4-80 所示。

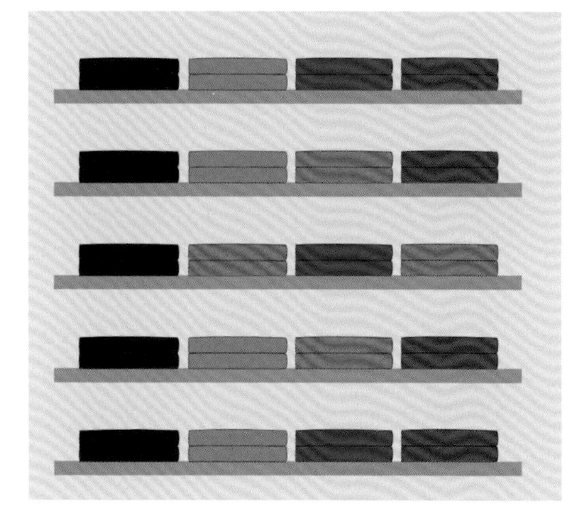

图 4-78　色彩造型陈列设计 1

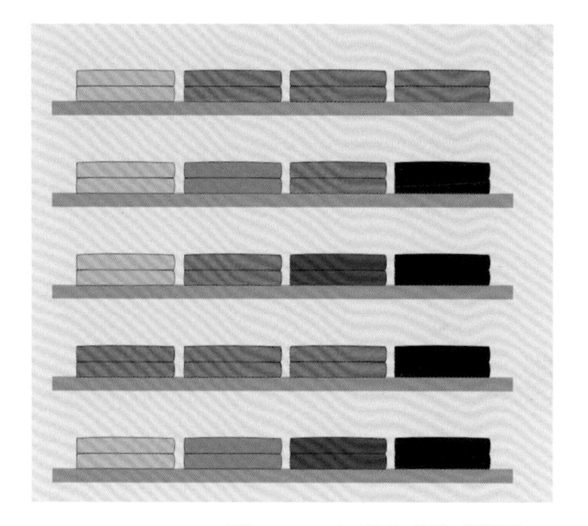

图 4-79　色彩造型陈列设计 2

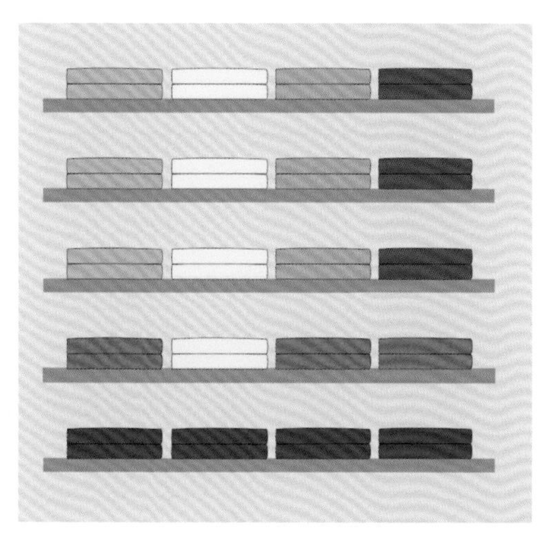

图 4-80　色彩造型陈列设计 3

第三节　服装卖场设计技巧

服装色彩陈设技巧既要展现出品牌形象、产品语意，还需要通过陈列技巧提升销售，提高客单量。

一、数据化陈列

终端陈列要进行数据化分析，依据精确的货品数据再进行科学、有效地陈列，以提高店铺销售。

1. 商圈环境的分析

商圈环境的数据分析，如消费者时尚度、当地的气候特点、消费者消费特点和水平等。图 4-81 所示，是对宁波各商圈时尚度和价位的数据分析。

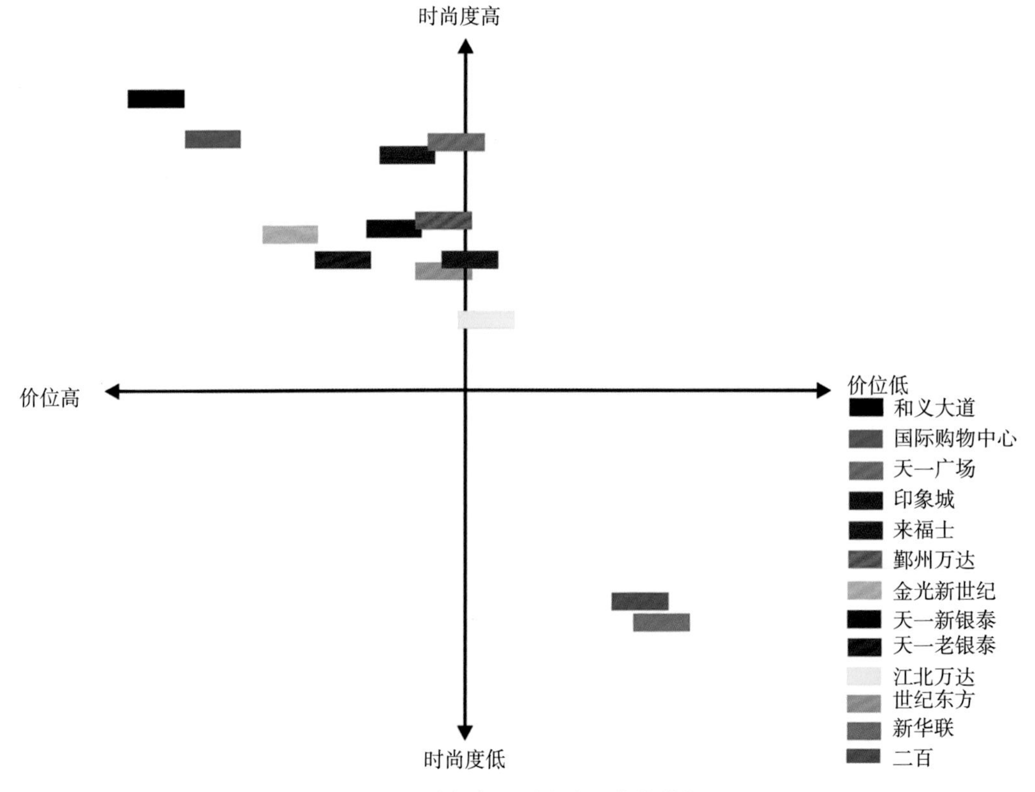

图 4-81　宁波各商圈时尚度和价位分析

2. 店铺销售数据分析

店铺销售数据分析，是对店铺内每个区域的销售率、货品的售罄率、库存率、主推款、畅销款、滞销款等进行数据分析，见表 4–1。这些数据在陈列设计前需要对公司前期货品的开发、波段上新时间进行整体分析，在实际陈列设计时与店长进行沟通。

表 4–1　店铺销售数据分析

1. 陈列面销售数据分析	8. 价格段销售数据分析
2. 品类销售数据分析	9. 款式销售数据分析
3. 波段销售数据分析	10. 面料销售数据分析
4. 畅销款销售数据分析	11. 滞销款数据分析
5. 色彩销售数据分析	12. 尺码销售数据分析
6. 销售率数据分析	13. 消费者年龄数据分析
7. 售罄率数据分析	14. 同比竞争品牌销售数据分析

3. 陈列位置分析

橱窗和正挂陈列的服装最容易销售。橱窗和正挂陈列的服装最容易吸引消费者的视线，所以放置这两个位置的服装首先一定要库存充足的商品和新品，以便满足消费者试穿购买的需求；其次是尽量价位高的单品；最后则是搭配组合，以便提高客单的销售总价（图 4–82）。

图 4–82　正挂或橱窗的商品数据化陈列要点

二、搭配陈列

搭配陈列的优点体现在：一是在有限的店铺里尽可能陈列多的服装。通常在一个点面进行着装的搭配，如图 4–83 所示；二是增加服装的情感性，让顾客产生情绪上的联动，如图 4–84 所示；三是增加主题性和系列感，如图 4–85 所示；四是增加客单量。

图 4–83　服装搭配

图 4–84　主题搭配 1

图 4–85　主题搭配 2

三、陈列面的陈列技巧

陈列面的陈列技巧要考虑一个陈列面的服装及色彩关联性，陈列面与陈列面之间的服装及色彩关联性，服装及饰品的陈列手法如何来展示产品特点和语境等。

（一）单个陈列面的色彩设计技巧

（1）色彩之间的关联性陈列；

（2）服装陈列的技巧；

（3）陈列长度的秩序感；

（4）色彩形状的饱满度陈列。

图 4-86 所示，是男装正装陈列。陈列的形象要求整洁，显档次，注重细节的精致感。

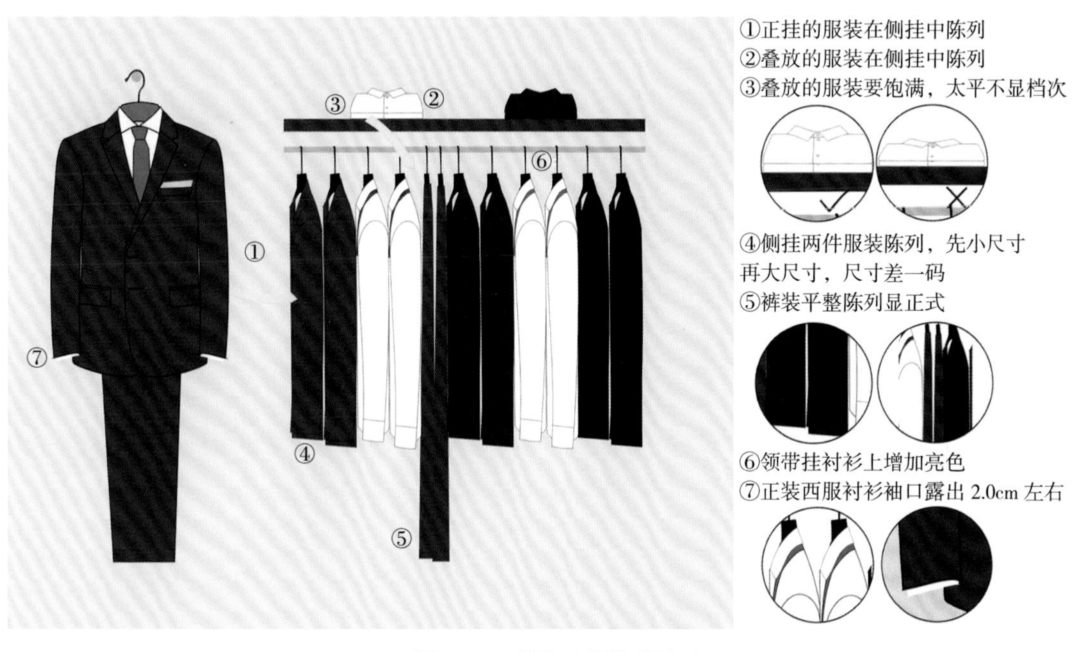

图 4-86　男装正装陈列技巧

如图 4-87 所示，是休闲男装陈列，正挂两边的服装色彩采用不对称撞色陈列，陈列的形象可以显得轻松，气氛活跃。

如图 4-88 所示，是同一陈列面对称的一组陈列，正挂两边的服装色彩选取同样的色彩，红色和黑色反复出现，对称，协调。

如图 4-89 所示是一组撞色陈列，选服装中撞色的几个色作为主调，组成一组陈列。撞色陈列气氛活跃，视觉效果强。

（二）中岛陈列技巧

中岛是店铺中很关键的部位，一般中岛处于店铺进门的位置，是消费者能一眼看到的地

①明度渐变陈列，同一色彩为基调

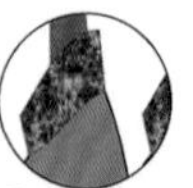

②领子背面有设计感，可以通过领子翻起来陈列

③休闲服装裤子陈列可以多样，比如用挂钩陈列，或者裤腿脚卷起来。同样，衣服的袖子也可以卷起来陈列

④一个陈列面两个杆陈列，可以是同色系，也可以是对撞色系

图 4-87　男装不对称陈列

图 4-88　对称陈列

①

①侧挂可以作一个正挂陈列

②撞色陈列，选撞色的服装设计，取这两组色作为主调陈列，显得气氛活跃

图 4-89　撞色陈列

方。为了使中岛的陈列能吸引消费者眼球，中岛的布局以三角形居多，高低错落有致，尽量让展示的物品在消费者正常的视线之中，另外中岛的系列服装以叠放的陈列为主，如图 4–90 所示。

图 4–90　中岛陈列

（三）店铺三维空间色彩陈列技巧

店铺三维空间色彩陈列其实是对点、线、面、体的合理规划。店铺的陈列规划目的是让以视线看商品的消费者能看得见服装。看东西是有个视觉焦点的，视觉焦点的那一部分能看得特别清楚，其他部分需要转移视线才可以看得清楚。另外，在一个店铺的服装销售中，服装销售的情况不同，每个季节中销售好的款式一般为某几款，以市场营销二八定律来说，20% 的款式创造了 80% 的利润。同理，可以将二八定律应用在店铺的空间陈列中，也就是说，一个店铺的亮点 20% 就可以了，而 80% 是辅助和储存的空间，图 4–91 所示，（a）图看上去店铺点挂很多，没有重点，整个店铺让人看起来如一条水平线，没法激起人的情绪波动；（b）图则如音乐般有高低起伏，能激起消费者的情绪波动。这里不仅要考虑陈列款式的多少，还要考虑色彩、色调之间的对比。

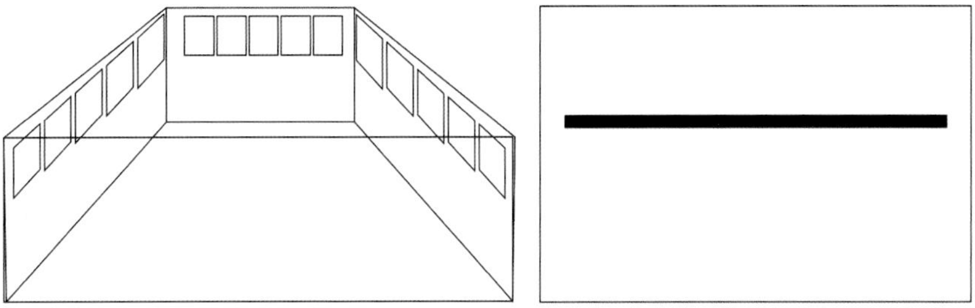

（a）

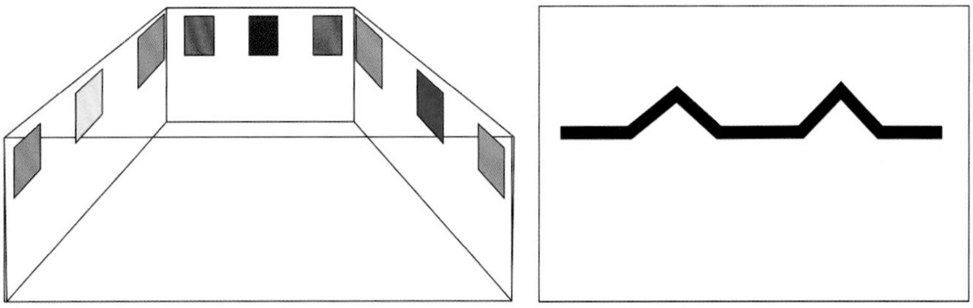

（b）

图 4–91　店铺空间色彩规划的二八定律

四、位置变换陈列

不管是快时尚品牌还是其他品牌，到季末 1~2 个月时间不上新货，为了让消费者产生店铺里经常有新货的感觉，要变换商品的位置陈列。

五、“乱”象陈列

“乱”象陈列是将几件服装散乱地放在沙发或者衣架上，造成顾客刚走的热闹假象。

六、陈列方向指引顾客活动方向

物品的朝向看似不经意的摆放，其实是一种陈设技巧。将鞋子或其他可指示方向的商品，故意陈设成一个方向，这个陈列方向意味着指引顾客活动的方向，如图 4-92 所示。

图 4-92　方向指引陈列

七、放大陈列

放大陈列也是焦点陈列，是通过某一个放大的物品进行陈列，吸引消费者的视线。放大陈列可以通过 POP 海报与服装相结合的手法，利用大幅的 POP 海报吸引顾客视线，或者放大的装饰物衬托小件的饰品，如图 4-93 所示。

图 4-93　放大陈列

八、陈列底面或隐蔽区域的陈列技巧

店铺内消费者最容易忽视的死角可以通过主题陈设或概念陈设让它鲜活起来。去挖掘和展示底面和隐蔽区域，变消费者难以到达或发现的位置为亮点，提升客单量。

第五章 色彩关联性设计与创新

服装卖场色彩营销设计通过色彩为主线进行设计，可以通过色调图工具进行坐标的分析，将共性的成分进行提炼与归纳，以便更好地分析消费者，创新店铺形象设计。

第一节　色彩关联性设计与消费对象

消费者根据个人的不同阅历、性别、身份、职业、体型、性格、生长环境、个性特点等，形成了不同的喜好。

一、色彩的关联性与消费对象

日本 Colortop 色彩研究机构将色调图根据色彩的性格将其分为五个部分，每一部分代表一种性格特点，亲近感；力动感；洗练感；信赖感；自然感，自然感中间灰调部分跟其他部分是重叠的，如图 5-1 所示。这一色彩的关联性同样也能对应消费者的性格特点。

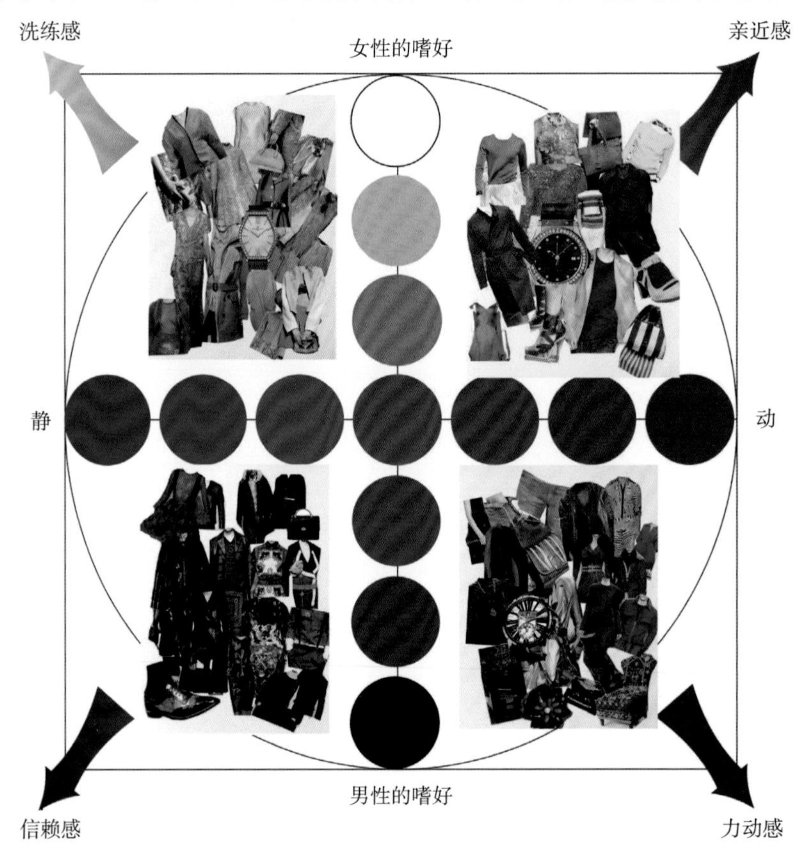

图 5-1　色彩关联性分类

位于色调图右上方的消费者具有亲近感的特点，他们大多喜好以纯色或者是在纯色中加了适量白色的色彩为主，整体色彩明亮，纯净。这一类消费者性格特点：活泼、开朗、动感、可爱，喜欢有适当的对比度及量感轻快的装饰。

位于色调图右下方的消费者具有力动感的特点，他们大多喜好在纯色中加了适量黑色或灰色的色彩，整体色彩厚重，有力量感。这一类消费者的性格特点：异域情调、妩媚、豪放、现代感，喜欢动感、有较大对比度及量感大的装饰。

位于色调图左上方的消费者具有洗练感的特点，他们大多喜好纯色中加了大量白色或大量浅灰色的色彩，整体色彩轻盈、柔和、雅致。这一类消费者的性格特点：柔和、含蓄、优雅，喜欢对比弱及小量感的装饰。

位于色调图左下方的消费者具有信赖感的特点，他们大多喜好在纯色中加了大量黑色或深灰色的色彩，整体色彩刚健、稳重、考究。这一类消费者的性格：稳重，做事有条理，格局大，喜欢对比弱、量感大、对称的装饰。

位于色调图中间区域浊色调的消费者具有自然感的性格。他们大多喜好纯色中加了一定灰色的色彩，喜好舒适自然的东西，不张扬，有自己独特的生活方式。

通过色调图与消费者的色彩分析，可以看出每个人都有自己的性格特点和着装理念，如图 5-2 所示，是消费者区域坐标形象图。

图 5-2　消费者区域坐标形象图

即使是在同一个区域的消费者，由于各自的性格特点不一样，对色彩搭配上的需求也是不同的，如图 5–3 所示。两者同样喜好大量感的东西，但是前者以黑白单色为主，显得摩登和现代；后者喜好利用有异国情调的图案进行搭配和点缀，有戏剧感。

图 5–3　同一色彩区域的消费者不同搭配喜好

二、形状的关联性与消费对象

同一种色彩的服装由于所采用的材质不同、款式不同，给人的感觉也是不同的，如图 5–4 所示，都是深暗红色服装，如果光从色彩的分类来看，则是在信赖感和力动感的范围，而这四件服装（a）图显得有男性风格、有格调；（b）图年轻、可爱；（c）图成熟；（d）图典雅，把色彩和造型一起考虑如图 5–5 所示。以此类推，在形状、图案、服装风格的关联性部分同样以这四分法来讲述关联性。

以日本 Colortop 研究机构研究的色彩坐标分类显示，亲近感的形状是圆润的，下方略微壮实，形如 A 字型；洗练感的形状圆润、纤细，如细长的椭圆体；力动感的形状硬朗、方正、厚实，如椎体；信赖感的形状同样方正、有格调，如圆柱体；自然感的形状曲线圆润，不规则，如图 5–6~ 图 5–10 所示。

图 5-4　同一服装色彩不同的情感

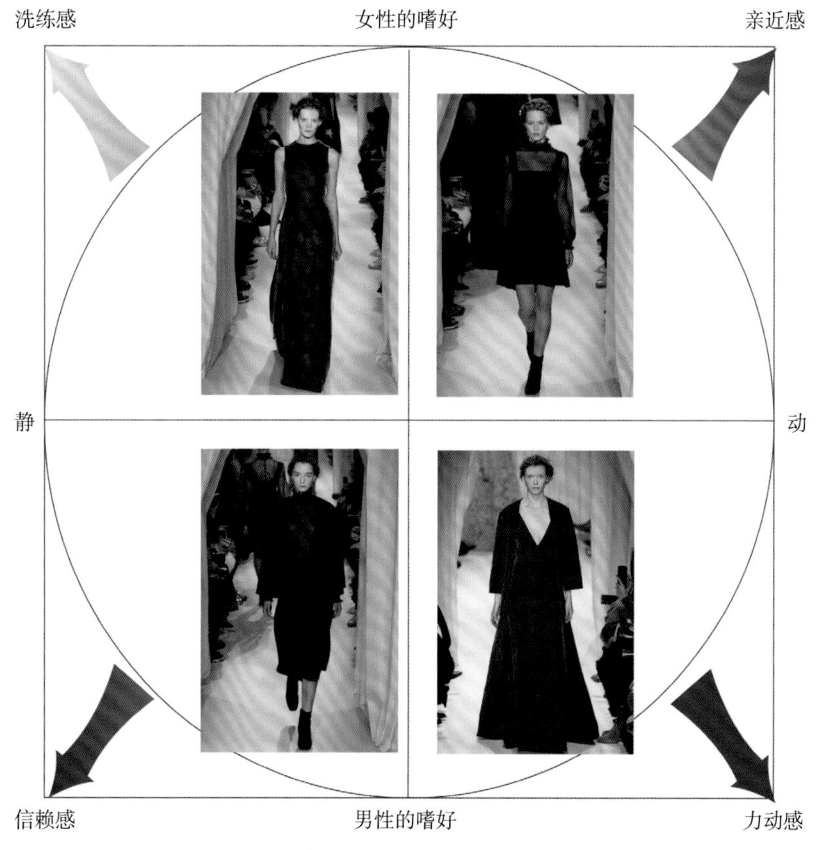

图 5-5　色彩关联性分析

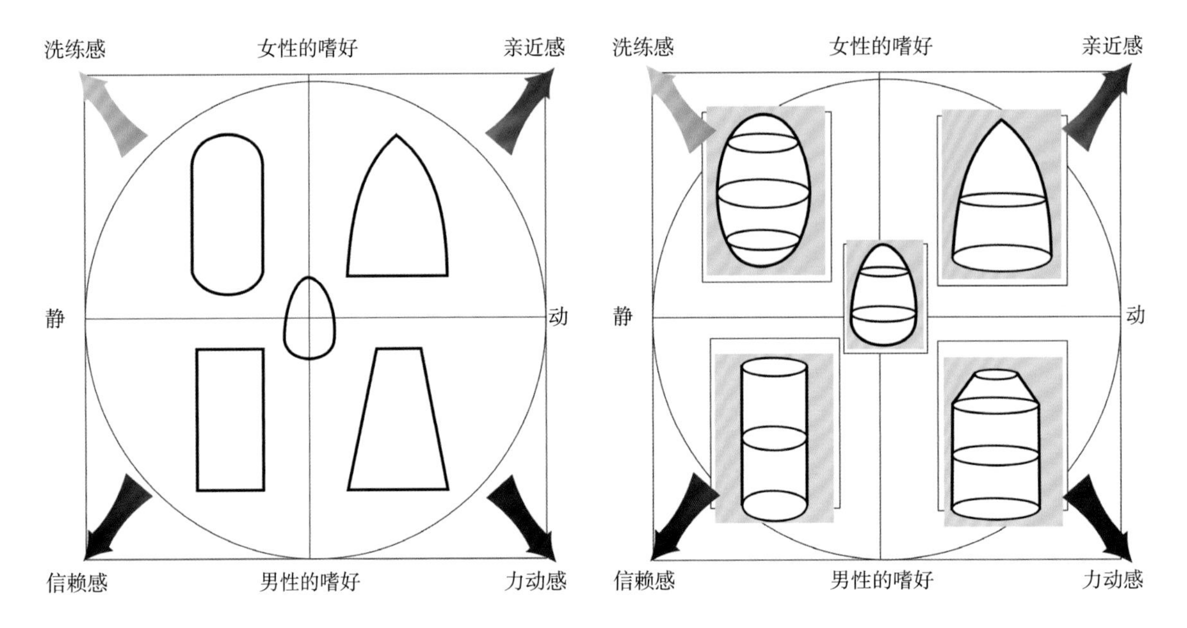

图 5-6　形状坐标分类图示

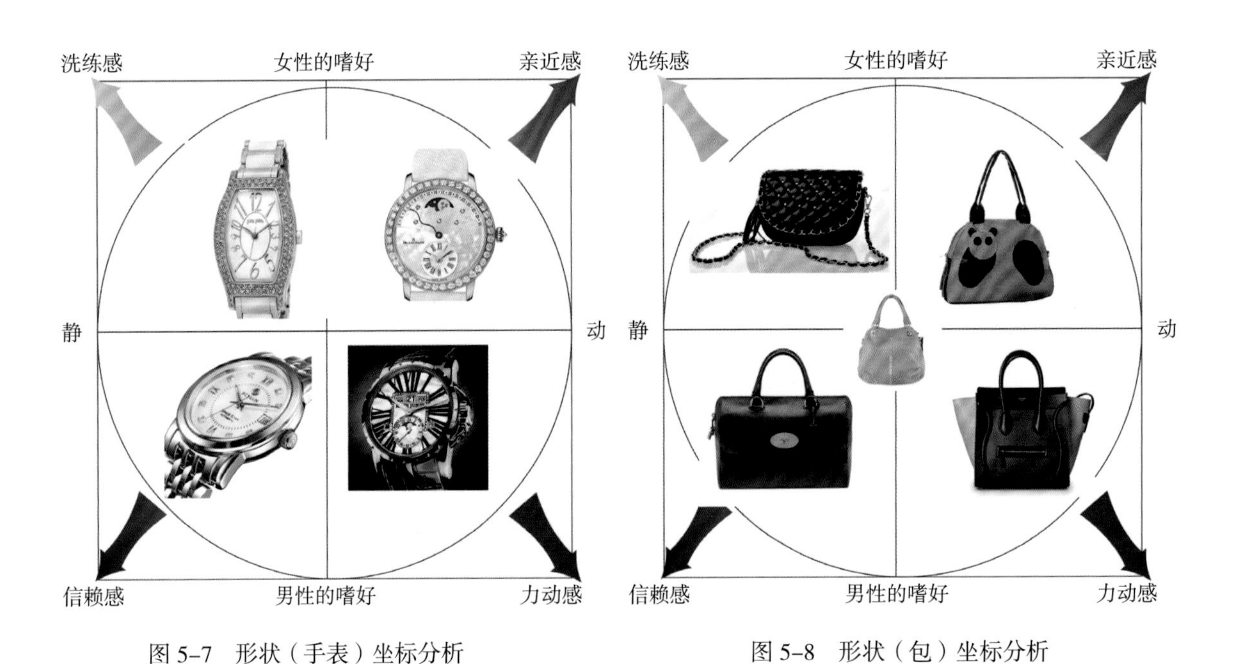

图 5-7　形状（手表）坐标分析

图 5-8　形状（包）坐标分析

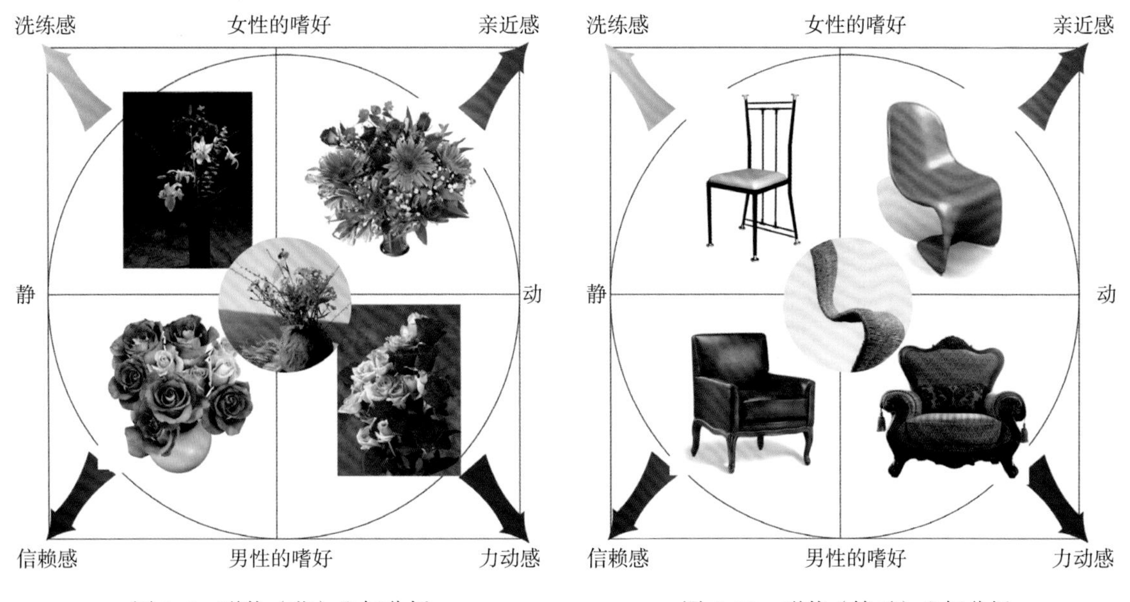

图 5-9　形状（花）坐标分析　　图 5-10　形状（椅子）坐标分析

服装形状坐标分类如图 5-11 所示。服装的坐标分类要考虑材料，比如说，自然感的服装面料较柔软、舒适，整体造型呈现出自然、随意的感觉；亲近感的服装面料有一定的型感，呈 A 字型造型；力动感的服装有型感且有一定张力，相对分量感比较大；洗练感的服装是柔和的曲线，纤细修长的造型；信赖感的服装有分量感，对称居多，直线条的服装造型，如图 5-12~ 图 5-14 所示。

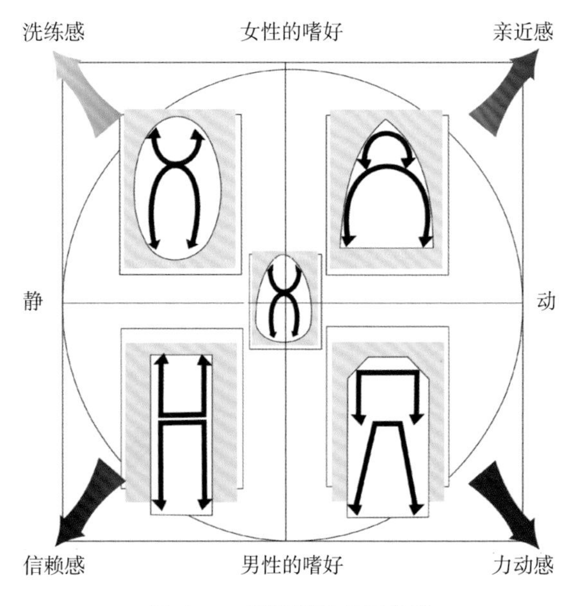

图 5-11　服装形状坐标分类

洗练感
女性的嗜好
亲近感
静
动
信赖感
男性的嗜好
力动感

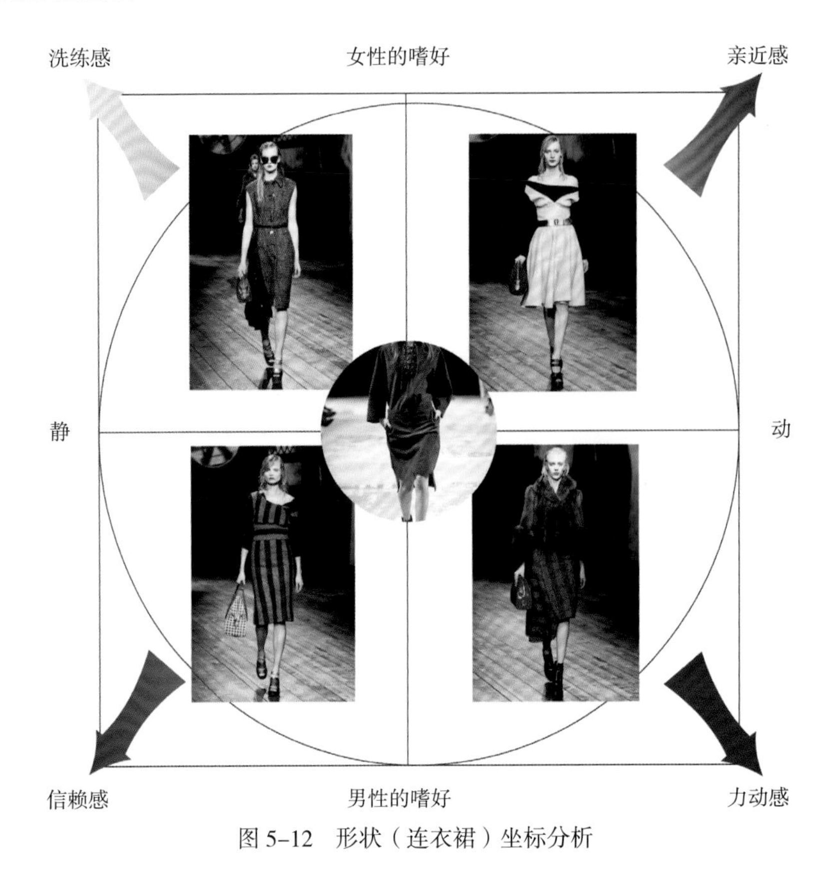

图 5-12　形状（连衣裙）坐标分析

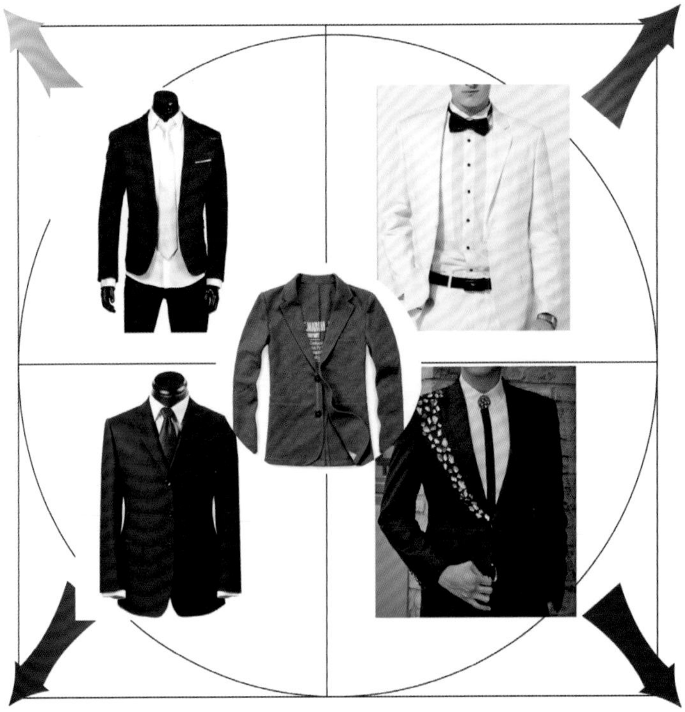

洗练感
女性的嗜好
亲近感
静
动
信赖感
男性的嗜好
力动感

图 5-13　形状（西服）坐标分析

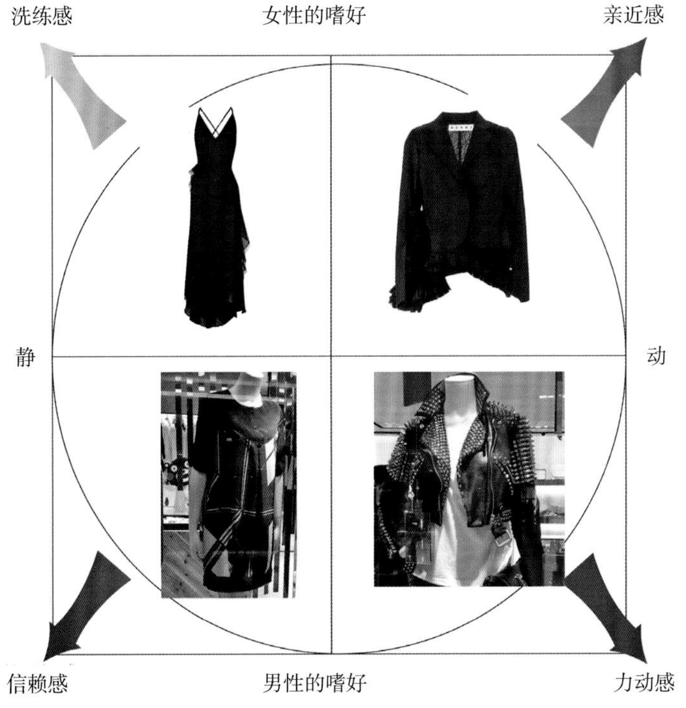

图 5–14　形状（黑色服装）坐标分析

三、图案的关联性与消费对象

图案的关联性从图案的大小、量感、规则性、清晰度等方面综合考虑。亲近感的图案是清晰的、不规则的，量感中等偏小；洗练感的图案是规则的，量感中等偏小，大图案则是模糊的，抽象的；力动感的图案是不规则的，形成一定的动感，如果是规则的图案则是对比清晰、量感大、信赖感的图案是规则的，量感大、对比弱，有一定的条理性。如图 5–15~ 图 5–18 所示。

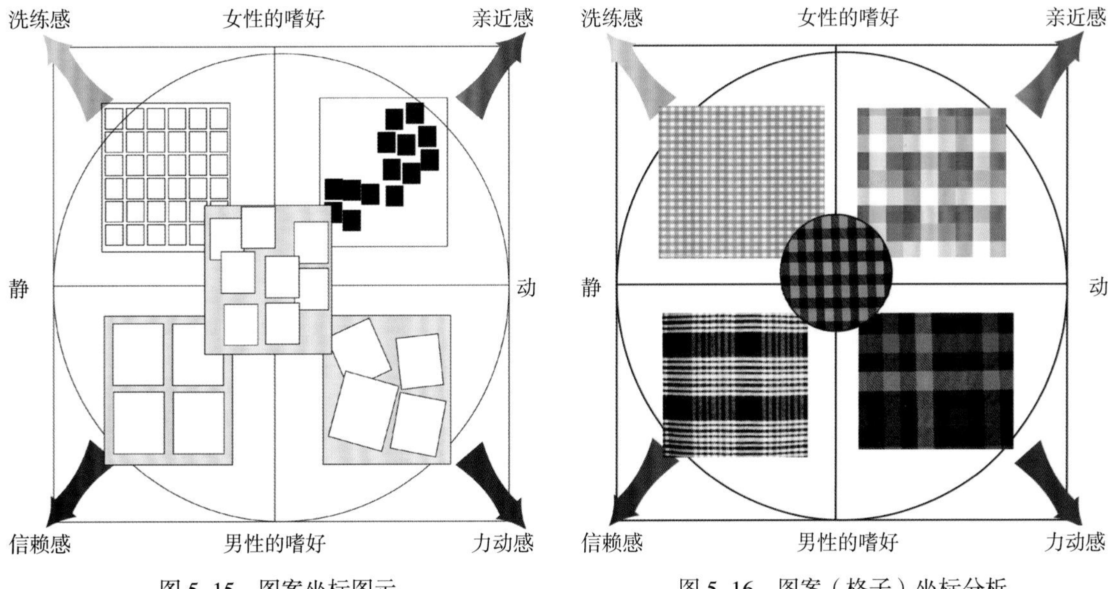

图 5–15　图案坐标图示

图 5–16　图案（格子）坐标分析

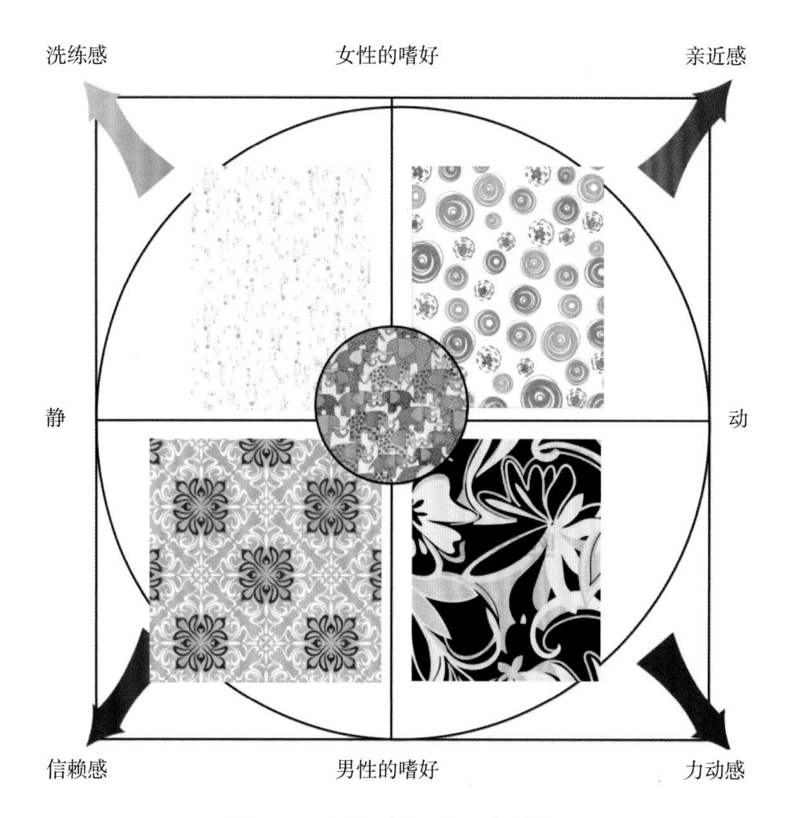

图 5-17　图案（花型）坐标分析

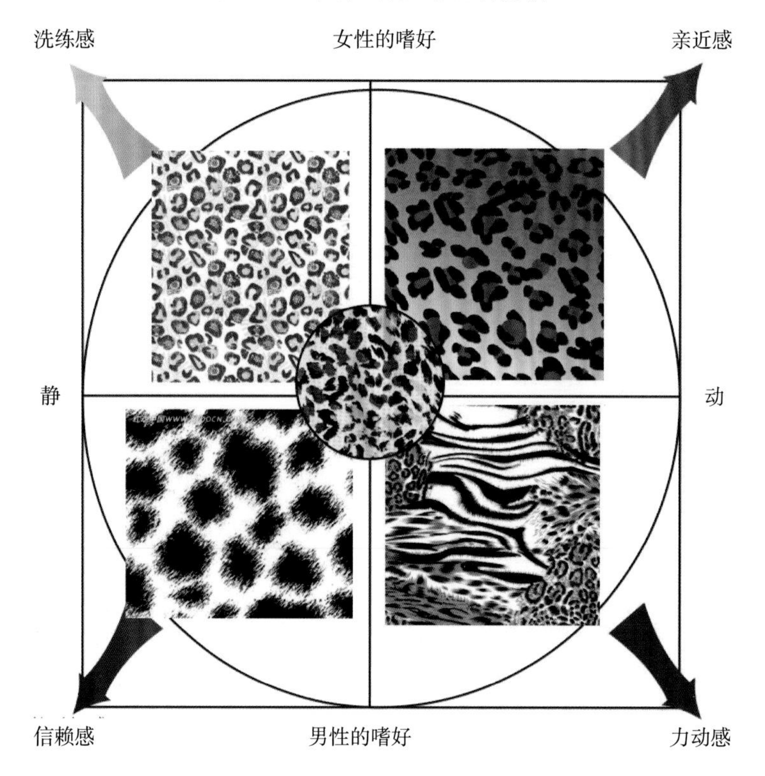

图 5-18　图案（豹纹）坐标分析

第二节　服装卖场创新设计

了解色彩、形状、图案的关联性能更好地整合设计，使设计有和谐的基础。但是如果设计都是以关联性为模版，就会缺乏创新与创意。纵观历代好的设计，都是打破了某种落成俗套的构思，形成一种创新性的象征和时尚。如英国的“蓝色袜子”一词，形容一些不满足于传统的女性的生活目的，在她们举办的沙龙中，一位男士穿着用羊毛织的蓝色袜子搭配工作服，而不是穿着精美手工编织的黑色蚕丝袜子搭配体面西装的传统服装参加沙龙。在当时，朴素的蓝色羊毛袜象征着崇尚的是人的教养而不是财富和服饰。可见，好的设计都是在现有基础上的革新。

一、源于生活方式的创新

在现代信息化的社会里，人们的生活方式发生了翻天覆地的变化，尤其是新生代的年轻人喜欢新颖的东西，崇尚自由的生活方式，喜欢旅行等。体现在服装上则是具有信赖感的正装西服套装搭配旅游鞋或者正式的大衣搭配户外服，这种打破传统的服装搭配，其实是倡导一种新的生活方式。这些都是服装形象创新方法（源于街头的服装搭配创新，源于生活方式的服装搭配创新，混搭）。如图5-19、图5-20所示。

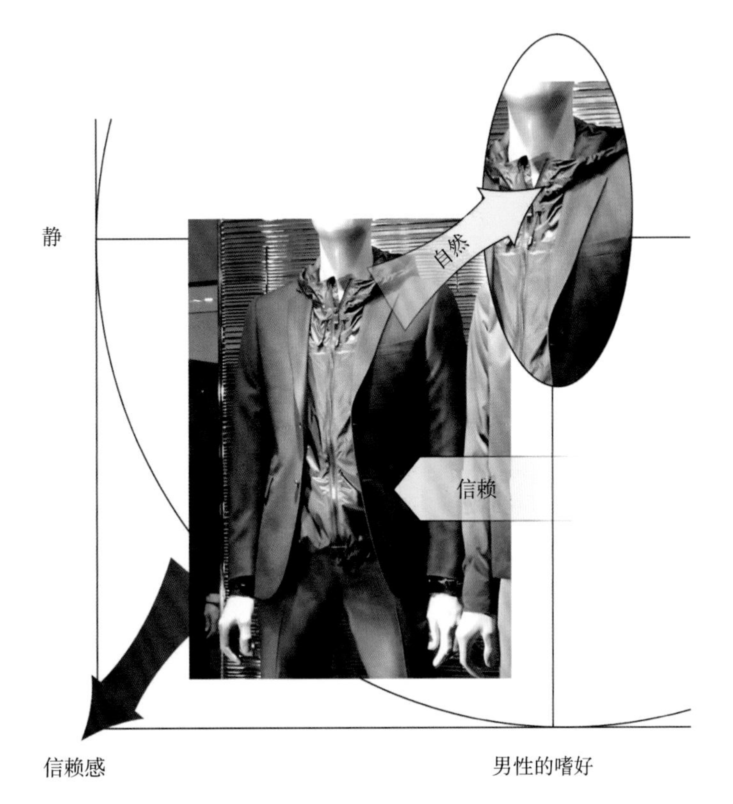

图5-19　源于生活方式的创新

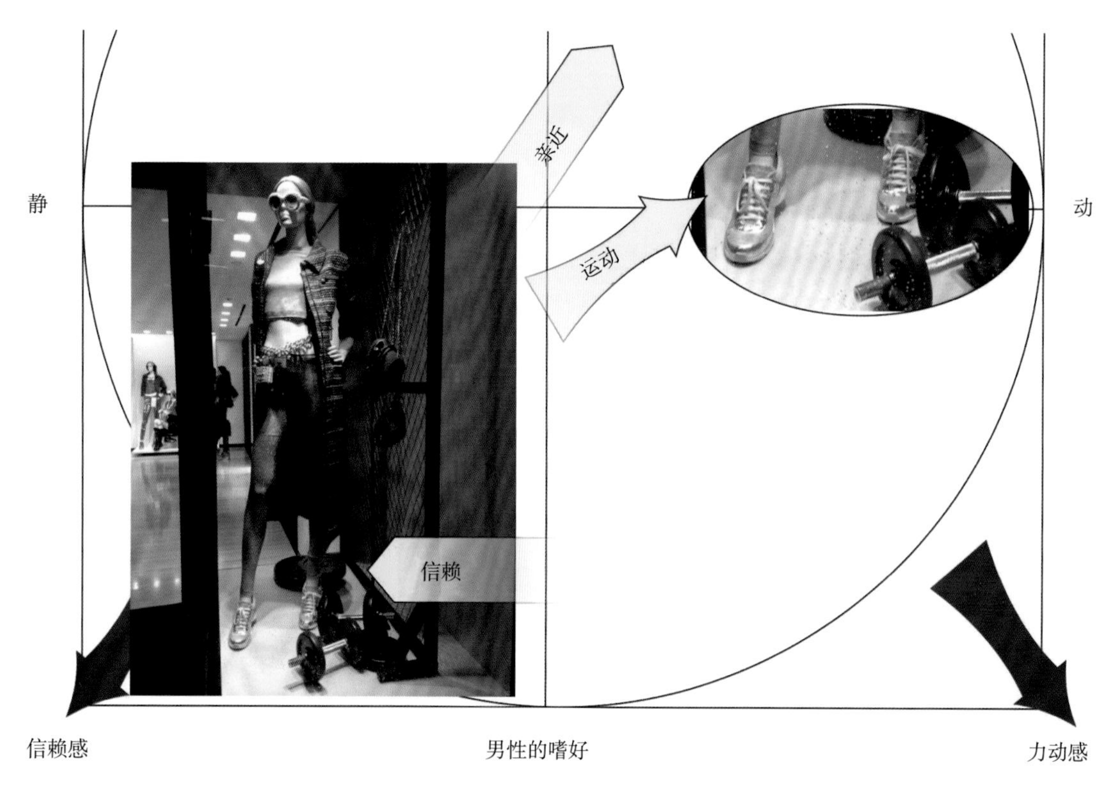

图 5-20 源于生活方式的创新

二、源于消费对象的形象创新

服装形象反映了一个人的品位和个性。在创新形象设计时，不仅要考虑色彩的关联性，还要充分尊重和考虑消费者的着色习惯、喜好、文化修养等。如信赖感的服装，从色彩关联性来说，色彩是灰暗的，线条是硬朗的。而真实的情况是同样属于信赖感消费者，他们喜欢硬朗的线条感和形式感，色彩上却偏向于各种形式。如图 5-21 所示，是亲近感的造型与色彩，在材质上选用了信赖感的材质，给人亲近中带信赖之感。如图 5-22 所示，是亲近感的造型，加之自然感的配饰。如

图 5-21 源于消费者的形象创新 1

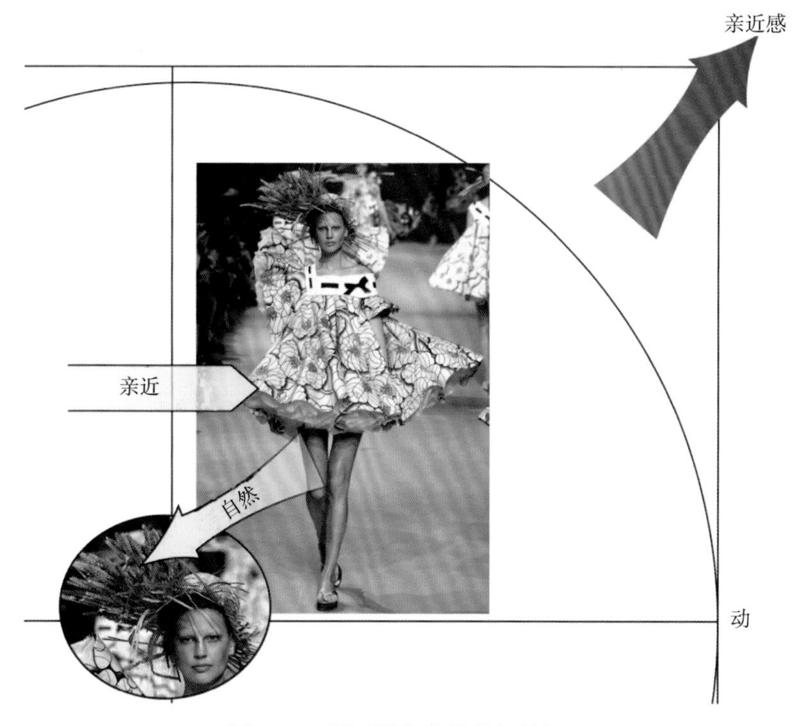

图 5-22 源于消费者的形象创新 2

图 5-23 所示，是运动感的上衣搭配洗练感造型的裙子。

“服装就是要让人看着愉悦”，持有这种消费理念的消费者为数很多。服装是时尚物品，对于很多消费者而言，时装要让自己看起来年轻、时尚，从这一点消费者的需求来看，引人注目、传递品牌形象的橱窗设计就需要带上这种令人愉悦和年轻的色彩。奢侈品牌 LOUIS VUITTON 在橱窗的设计中，色彩和形式总是给人亲近感，有愉悦的色彩和形式，在材料上选取了硬朗和光感的材料，显得有品位和质感，如图 5-24 所示。

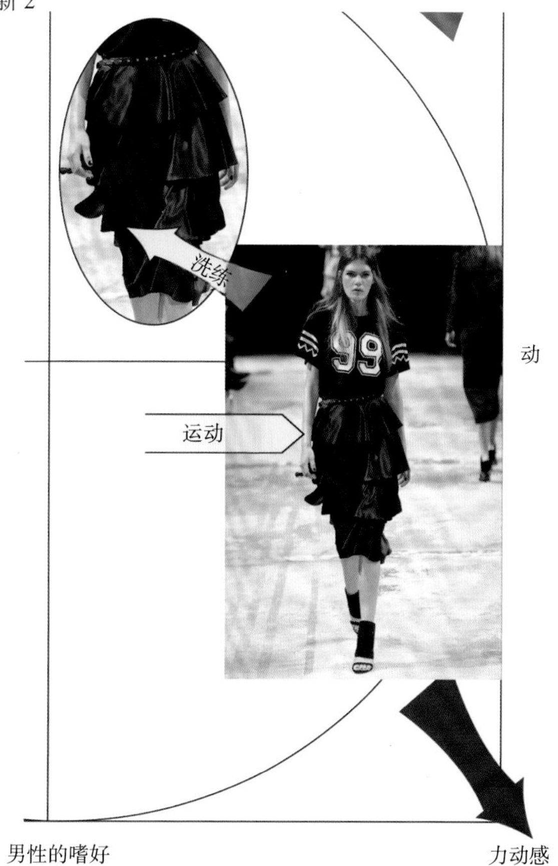

图 5-23 源于消费者的形象创新 3

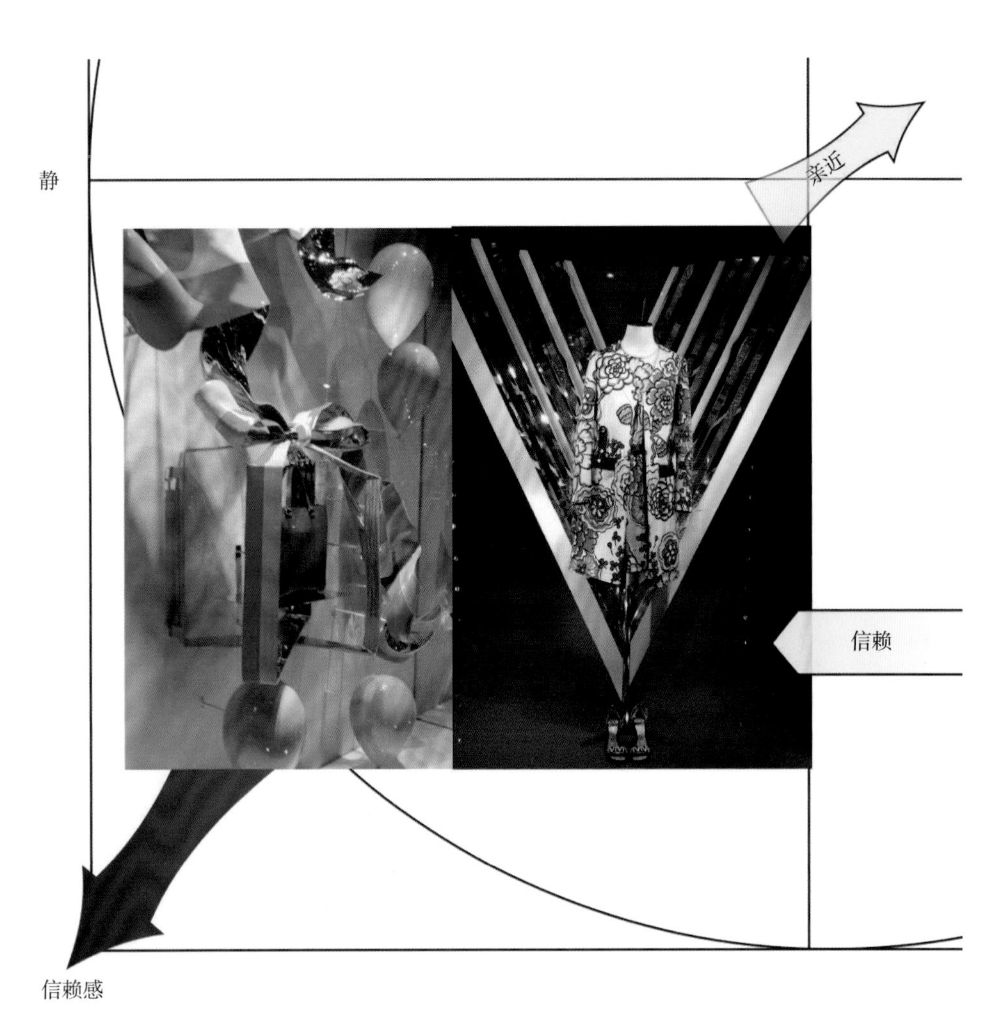

图 5-24　源于消费者的形象创新 4

第六章 橱窗设计

在产品同质化日益严重、消费者消费趋向个性化的市场里，橱窗是彰显品牌文化、品牌个性和店铺信息的窗口，是吸引消费者视觉的语言。因而，为了提升品牌在市场中的辨识度，加强品牌与消费者的沟通，扩大品牌在市场中的视觉传播效果，品牌会花很大的心思和精力在橱窗的创意设计上。实践调查也表明，品牌上升趋势好的往往是店铺空间视觉形象好的品牌。

第一节 橱窗设计的目的、方法与创新

服装是时尚产业，购买和追捧时尚服装的人们往往属于时代感强、追求自我、好奇心强的群体。为满足人们情感上的联动，就需要不落俗套、有独特创意，并能展现品牌和产品灵魂的橱窗创新设计，以吸引人们驻足且进入店铺。

一、橱窗设计的目的

橱窗设计的目的是解决品牌与目标消费者和潜在消费者沟通的问题。它跟艺术创作最大的不同是，艺术创作可以完全代表艺术家的情感，抒发艺术家情绪；而橱窗设计是满足消费者的需求。也就是说，橱窗设计既需要有艺术家的创作思维以区别于庸俗、僵硬、普通的设计，又需要考虑设计的可实现性——技术性、功能性、科学性，还需要考虑目标消费者和潜在消费者的消费心理、消费行为、喜好、宗教、文化等众多因素。因此说，橱窗设计是科学的、务实的。

那么，橱窗设计要解决什么问题呢？橱窗设计要解决的是展示的主体——产品和隐藏的主体——消费者两者之间的关系，如图 6-1 所示。也就是说，看起来橱窗设计是以产品作为主体进行展示设计的，而其实消费者的需求一直贯穿于整个设计过程之中。有了对消费者需求的了解，再来考虑产品应该传递的是哪些信息，以怎样的方式和何种手段进行展示来获得消费者的认同，消费者的这种认同往往是情感上的。所以对于橱窗设计来说要让展示的主体有意义和有故事。

好的橱窗设计是最佳的营销手段。它通过某一故事进行无声展示，可以是静态的也可以是有影像的橱窗设计激起受众的情绪，令受众的心理产生从静到动的变化，使消费者愿意步入店铺，进一步地对店铺里的产品进行观察、挑选、询问、试穿、购买等一系列消费行为。如果橱窗没有让消费者心动，那么消费者就不会进入店铺，营销就不可能产生。所以，好的橱窗设计就是要让消费者心动，如图 6-2 所示。

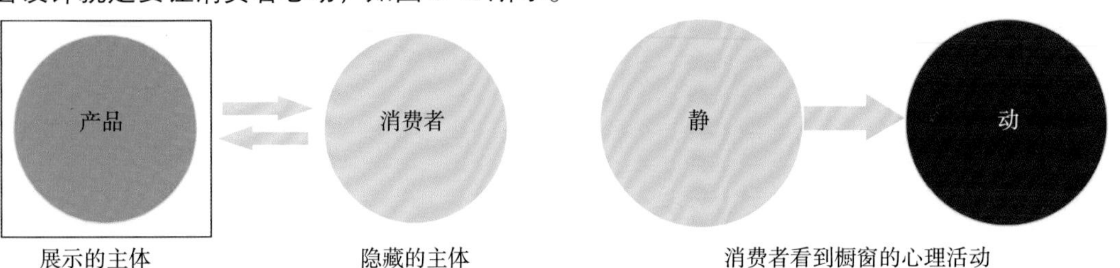

图 6-1 展示的主体和隐藏的主体之间的关系　　图 6-2 好的橱窗设计是让消费者心理产生从静到动的变化

二、橱窗设计特点

（一）时效性

橱窗设计是品牌形象推广的手段之一。服装产品上市需要有时效性，橱窗设计同样需要时效性。比如跟服装相配套的季节新品上市时，橱窗需要同步更新，以一种崭新的形象吸引消费者。品牌形象推广做得好的品牌，橱窗设计与服装产品开发同步进行，通过橱窗设计氛围更好地展现当季服装开发的理念。

时效性还体现在店铺的营销策略上。在店铺的营销策略里有一个叫作礼仪情境，礼仪情景通常是指在约定俗成的时间内的消费行为，比如在各个节日，如情人节、母亲节、父亲节、圣诞节、儿童节、春节等时段的促销。商家店铺在节前进行礼仪情景化橱窗氛围渲染的布置，以产生最大化的营销价值。

（二）创新性

创，是指创造、创设，是一种开拓性的思维。新，指新颖、新奇，展现一种过去所没有的新的东西或思想。人的心理最大的特点是喜新厌旧，创新是一种改变、更新，正是迎合了消费者的这种心理需求。美国设计师马特·马图斯（Matt Mattus）在他的著作《设计趋势之上》中提到：创新并不是来自跟随，而是来自知道很多信息。

（三）时代性

时代性不同于时效性。时效性是指在一定时间内能起的作用，时代性则是指某一个时期。比如，现代设计中经常能提到的“复古”、“经典”的字眼，它一方面是在迎合消费者记忆之中，对古老文化的情感认同，另一方面在设计中混合了时代的意味，是复古的再创新、再设计。橱窗设计要让当下的消费者心动，必须要具有时代性的特征，综合反映出具有时代特征的空间美学规划、科技的发展趋势、艺术思潮的趋向及消费者的审美需求。

（四）文化性

爱默生说过“文化开启了对美的感知”。文化是凌驾于物质之上的精神层面的财富。比如一件衣服，当把它看作是一件遮风保暖的物品时，它仅仅是物质层面上的衣服；如果把它看成是一种生活方式，生活美学的文化性就展现出来了；若被制作衣服的材料所吸引，材料美学的文化性就展现出来了。也就是说，文化性是可以让人们去联想和展望的，可以与人的精神进行沟通。文化性是21世纪最具竞争力的一个因素。

（五）个性化

人们生活方式多样化、个体性格的差异，新生代消费者的成长，让服装越来越具个性化。

人们既追赶时尚又不愿意千篇一律。成熟的消费者更注意满足精神层面的需求，在找到自我的过程中对着装越来越注重是否舒服和是否适合场合。新生代的消费者注重个人的品位，他们通过服装展现自我。

三、橱窗设计方法

橱窗的一个基本作用就是有信息传递的功能，通过橱窗的信息传递让消费者知道店内的服装信息、活动信息以及促销信息。它的目的就是吸引消费者的视线，产生消费行为。

橱窗设计的方法众多。这里主要介绍以下六种。

（一）借鉴式橱窗设计方法

借鉴式橱窗设计方法是通过对已有的设计元素进行参考再设计的一种方法。设计师在设计之初采用借鉴法学习设计是很好的方法。借鉴是让设计师在开拓视野、获取众多信息的情况下结合自己的设计思想进行再设计，但不是照搬原设计本身。

（二）夸张式橱窗设计方法

夸张法是为了加强视觉效果，对某一设计元素进行夸大、夸张的手法。这一类夸张手法在饰品设计中采用较多。由于饰品看起来比较小，为了引人注目，先通过其他大量感的元素将消费者的视线吸引过来，再关注产品设计本身，如图 6-3 所示。

图 6-3　夸张式的橱窗设计

（三）场景式橱窗设计方法

场景式橱窗设计方法是借用橱窗的某些设计元素让消费者联想到生活中某一熟悉的场景。它可以是故事性的场景，也可以是日常生活中的场景，如图 6–4 所示。图示是潜水的一个场景再现，模特是特制的潜水姿势，溅起的水花和可爱的鲸鱼增强了设计的趣味性和真实性。

图 6–4　场景式的橱窗设计

（四）趣味性橱窗设计方法

趣味性橱窗设计方法通过幽默、生动的设计语言，激起消费者某种兴趣，如图 6–5 所示。

（五）构成性橱窗设计方法

构成性橱窗设计方法是否应该单独作为一个设计方法呢？因为以上几种方法也会用到形式美法则，点、线、面的构成。将构成性橱窗设计方法单独作为一个设计方法，是就现在的艺术创作的画面形式和设计作品来看，似乎更具构成的特点。它强调点、线、面某个元素或它们的结合，更具有包豪斯风格的特点，是现代主义风格的另一种称呼，强调结构性、功能性和简约性，呈现出一种具有现代哲学的形式美感，如图 6–6、图 6–7 所示。

图 6-5　趣味性的橱窗设计

图 6-6　构成性橱窗设计 1

图 6-7　构成性橱窗设计 2

（六）主题性橱窗设计方法

主题性橱窗设计方法是根据特定的主题，借用某一设计元素进行创意设计的方法。主题性的设计方法在橱窗设计中运用比较多，如季末的促销、各个节日的礼仪营销，都可以在橱窗设计中展现，如图 6-8 所示。

图 6-8　某品牌 2016 年以中国的生肖猴为主题的橱窗设计

四、橱窗设计创新

（一）以时代特征为创新点

1. 具有时代特征的科技元素运用到设计中

将具有时代特征的科技元素，如材料、灯光等应用到橱窗设计中。如 HERMÈS 将高科技的元素应用到橱窗设计中，呈现出一种动态的橱窗效果，如图 6-9 所示。

2. 具有时代特征的艺术潮流

具有时代特征是当

图 6-9　具有时代特征的科技元素运用到橱窗设计中

下流行的艺术潮流，如波普艺术、复古风潮、极简主义风格等。

图 6-10 所示，是复古与现代相结合的橱窗设计，情景中充满了西西里岛的民族情调。

图 6-11 所示，橱窗设计直接或间接地将近几年流行的波普艺术风潮元素运用到橱窗设计之中，它的特点是年轻的、时髦的、有魅力的、大众的。DIOR 运用了波普艺术的色块，有动态的视觉效果；EMPORIO ARMANI 是将社会上流人物的形象用趣味性的形式表现。

图 6-10　复古与现代结合的橱窗设计

图 6-11　橱窗运用波普艺术的不同创新设计

3. 具有时代特征的流行色

以色吸引人，这是橱窗设计中较为惯用的手法。色彩是表现情感与消费者互动最好、也是最直接的方式，品牌经常借用具有时代特征的色块来作为橱窗背景设计，以吸引消费者的眼球，如图 6–12 所示。

图 6–12　具有时代特征的流行色

（二）以新的生活方式为创新点

现代社会科技的发达带来人们生活的便捷，网络社交平台让人们的联系越来越方便。然而，在这种快捷、便利的社会里，人们的生活、工作节奏越来越快，焦虑、烦躁的人群越来越多，朋友圈里的朋友越来越多，可面对面的朋友却越来越少。人们为了寻找内心的宁静和安定，追求健康，有意识让生活的节奏慢下来，同时寻求释放性的休闲活动：茶道、禅学、静修、步行、广场舞、登山、马拉松、旅行等。

生活方式的改变直接影响着装意识的改变，人们在着装方面更趋个性化、休闲化、情趣化。一双运动鞋，一双布鞋，一套棉麻服装都是一个个新的生活方式的演绎。在橱窗设计中则是将这种新的生活方式具象化。

1. 极简主义的生活方式

极简主义的生活方式最早在欧美发达国家流行起来，现在在中国国内也有一部分人践行。它的核心思想是以减少物品为手段，减少生活中无益的事情，从而腾出时间、精力留给更有益的事情。

2. 禅意的生活方式

禅意的生活方式在中国比较流行，一方面跟信仰有关，另一方面也体现出禅、茶文化的一体，让人们的生活节奏慢下来，细细品味生活的细节。

3. 环保的生活方式

环保的生活方式追求绿色、环保的环境，追求人与动物的和谐相处，更多的人在家里养宠物、不穿动物皮毛的服装。2015 年关于人与动物和谐相处具有趣味性的元素被多个品牌采用到橱窗设计中。

4. 旅行、运动的生活方式

旅行、运动是现代人自己与自己对话的一种方式。旅行、运动的意义在于发现自我，加强自我的意志力，扩展自身的视野。如《一个人的朝圣》这本书里，作者在走路旅行中思考自己的人生，也是自我心灵成长的过程，这种生活方式是丰足的。

5. 虚拟生活方式

现在部分年轻人喜爱各种网络游戏，电视广告中也会有这一类的内容。可以根据这一类消费心理在橱窗设计中构思以网络游戏为主题的设计，让受众产生熟悉感。

（三）以某个事件为创新点

以某个事件为创新点是橱窗设计中常用的手法。重大的体育事件、政治事件、电影、艺术展览、音乐等都会成为橱窗设计的创新元素，如 2012 年电影《了不起的盖茨比》在美国放映之后，电影中的场景成为橱窗、室内设计争相采用的设计元素。

（四）以挖掘品牌文化为创新点

历史悠久的品牌具有优秀的文化特质，将这种优秀的、具有历史文化性的特质提炼出来，以橱窗的形式呈现，是吸引消费者眼球和情感关注的创新点。如 TOD'S 品牌，HERMÈS 2014 年的橱窗设计就是以挖掘品牌悠久历史、精湛工艺为创新点，如图 6-13 所示。

图 6-13　品牌的文化性展现

第二节　橱窗设计与实施

前面主要对橱窗设计的思维进行了一些讨论，思维决定意识，意识影响行为，有了好的想法，才会有好的构思和设计。接下来着重探讨的是橱窗设计实质性的设计和实施。

一、橱窗设计流程

橱窗设计流程，首先是提出问题，接着是去寻找解决问题的方法和途径，再通过一定的手段去解决问题，最后就是问题的解决。

橱窗设计的流程可以分为三个阶段，如图 6-14 所示，第一阶段是前期调研；第二阶段为橱窗设计，包含构思、确定主题、橱窗设计效果图；第三阶段为解剖设计稿、绘制施工图、实施与制作以及最后的调整。

二、橱窗设计

（一）前期调研与分析

在开始设计之前，要进行专业性的调研，然后将调研的信息结合品牌的风格进行分析。专业的调研包括四个方面的内容：市场上已有的店铺橱窗设计特点；重要的展会，尤其是服装和纺织材料的展会；国际色彩流行趋势调研；消费群体调查。除了专业的调研，设计师在平时要多积累各个方面的知识和信息，拥有的知识和信息越丰富，越有利于设计。

1. 店铺橱窗设计调研与分析

店铺信息调研能开拓视野，了解当下业界整体的设计趋势，借鉴好的设计概念进行再设计。调研采用网上调查和实地调查相结合的方式。网上调查的优点是信息量大，能了解到国内外橱窗整体的效果和趋向，可参照的东西多；缺点是了解到的大多是二维图片信息，橱

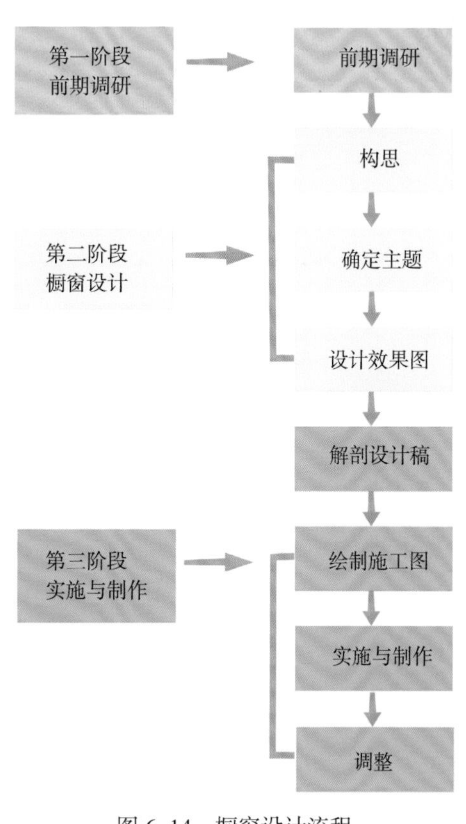

图 6-14　橱窗设计流程

窗中重要的空间布局、立体展示以及工艺技法、材料质地较难了解，这些信息需要通过现场调研才可以获得。

店铺橱窗调研的主要内容是从陈列方式、色彩氛围、道具特点及灯光效果四个方面展开，如图 6-15~ 图 6-18 所示。

2015 秋 / 冬国际橱窗流行趋势分析

自然元素

陈列方式：模特的摆放与道具形成前后错落的形式，给人和谐之感。
色彩氛围：服装的总体色彩为中性色，道具、背景的色调接近自然，给人一种舒适之感。
道具特点：老式的桌子、复古行李箱与盆栽，给人一种原始、舒适、自然之感。
灯光效果：重点照明，照射在模特胸部以上，基础照明的亮度较高，使得橱窗更明亮。

图 6-15　国际橱窗流行趋势分析 1

2015 秋 / 冬国际橱窗设计流行趋势分析

复古都市元素

陈列方式：采用了三角形构成的方式，给人一种稳定感。
色彩氛围：以暗红色、复古色为主，再加上现代潮流色彩作为点缀，使整体更加地具有复古潮流韵味。用颜色、道具以及饰品的搭配，营造了一种既复古又时尚的现代感。
道具特点：这一季橱窗主要采用了复古旅行箱、欧美灯具以及一些复古韵味的装饰物来烘托当季流行的元素。
灯光效果：采用了重点照明的陈列方法，能让消费者仔细地看清商品细节，以此来吸引顾客，促进销售。

图 6-16　国际橱窗流行趋势分析 2

FIVE PLUS 2015 秋 / 冬橱窗设计分析

复古时尚元素

陈列方式：采用了直线构成的方式，给人一种平和的感觉。
色彩氛围：运用了对比色的搭配手法，以白色、黑色为主再加以复古色来烘托主题。颜色、道具的使用营造了既复古又时尚的现代感。
道具特点：橱窗主要采用了超大扑克牌、复古鸟笼以及具有宫廷复古韵味的椅子作为橱窗道具。
灯光效果：采用了重点照明的陈列方法，使服装更加地突出细节，以此来吸引顾客。

图 6–17　针对品牌的橱窗设计调研 1

Mild Tree 2015 秋 / 冬橱窗设计分析

素

陈列方式：模特的摆放以一字形的排列形式，给人和谐的感觉。
色彩氛围：中性色、道具、背景以复古色为主，给人一种自然舒适的感觉。
道具特点：道具之间相互交错摆设，给人以舒适的感觉。书本、盆栽、蜡像、mild 兔子、兔子形状的座椅等。
灯光照明：店铺内使用基础照明和重点照明相结合，更好地体现了整个店铺自然与舒适。

图 6–18　针对品牌的橱窗设计调研 2

2. 重要的展会调研

现在网络非常发达，即使不去展会现场也能了解很多展览信息，因为网站、微博、微信等媒体工具争相报道展会的信息。当然能够亲临展会现场，对材料的质感、布展的空间感有个真实的感受会更好。展会的信息调研主要有四个方面：第一是展会新材料的设计趋势；第二是展会中新的色彩趋势；第三是展会中新的布展趋势；第四是展会中重要的主题信息。

3. 国际色彩流行趋势调研

对于时尚产业来说，流行趋势是个很重要的因素。每季的流行色，也是国际流行趋势根据社会、政治、宗教、人们的生活方式等较为集中的潮流展现，具有时代性的特征。因此，了解流行趋势可以游刃有余地开展设计的构思。

4. 消费者调研

橱窗设计最主要的目的是吸引消费者的眼球，尤其是目标消费者和潜在消费者的眼球。需要特别注意到是“目标”消费者和“潜在”消费者，一方面说明消费者是可以挖掘和引导的，另一方面也要求对消费者有针对性地引导。目标消费群不是覆盖越全越大越好，而是在多元化、个性化的社会环境中找到精准的消费群体。从哲学观点来说，大有时候等于少，甚至没有，小反而是多。橱窗设计需要了解和分析目标消费群体和潜在的消费群体的心理需求、消费行为、审美特点、生活方式和喜好。

消费者的划分是很重要的。学生以及刚开始工作的设计师对消费者的分类可能会按大学生、白领、精英人士、全职太太来分。按照这种职业或者工作状态来分类是欠妥的，因为大学生里有喜欢时尚的、有喜欢摩登的、有喜欢清新的、也有喜欢浪漫的等。那么依照什么来划分呢？最好的划分方式是生活方式。将每类人群按相同的生活方式和喜好来进行分类，这样能更有利于设计的开发。

每个人在社会中扮演了很多的角色，触碰到比较多的生活场景，一种生活场景是一种生活方式，没有一套服装可以在所有场合中适用。比如一位老师，在开设的服饰搭配讲座中是主角，此时的老师需要着装时尚，因为着装形象能让听众信服老师的专业度；当老师参加禅修活动时，此刻的着装可以是宽松和悠闲的，因为此时老师不是主体，只是活动的参与者，着装要融入活动本身；当老师参加健步或登山运动时，着装是舒适且有功能性的。从上面的实例中我们会发现，生活方式的变化将改变一个人的着装态度。再如一个职业人，原来的着装是严谨和职业的，一旦他喜欢上户外运动之后，他的着装更注重舒适性和功能性。大家还会发现，全球社交网络平台将同样爱好、同样生活方式的人聚集在一个平台中交流。

在了解消费者的分类后，应以怎样的形式说明同一类生活方式的人群的特征呢？对于设计师来说，经常去观察和分析各类人群，然后有意识地将他们进行分类和筛选，才能精准分析出消费者的生活方式和喜好。在实际的操作中，将某类消费者的共性特征通过找寻典型的有生活或喜好特征的图片进行归纳分析，消费者的生活方式可归纳为：极简约生活方式、禅意生活方式、都市生活方式、摩登生活方式等，以图片的形式去合成一种生活方式，既形象又易于分析。一定要找典型性图片，选择的每一张图片要有一定的喜好和生活方式的说明，不要重复类似的图片。如一张家居的图片已经充分说明某类人群喜好的是家居风格，就无需再采集有关此类信息的图片。

图 6-19~ 图 6-21 是对三类现实中日益增多的消费者生活方式的归纳和提炼。比如禅意生活的消费者（图 6-19），此类消费群体有一定的物质基础和生活阅历，更多追求心灵和精神层面的满足，喜欢中国传统的文化，喜欢慢节奏的生活，喜欢自然的材料，喜欢与大自然拥抱。都市雅生活的消费者（图 6-20），此类消费群体喜欢时尚的、欧美的、创意的、小资情调浓的人群。

简约生活的消费者喜欢极简的生活方式，非常简约的家具，没有装饰，注重品质而不是数量。喜欢自己做一些东西。在日本和欧美国家喜欢简约生活方式的人们越来越多，他们对外在需求的减少，更注重内心的丰足和精神层面的满足。

禅意生活

消费者定位：30~45 岁追求舒适，自然，略加小资有一定气息的人群。
职业特点：教师、自由职业者、个体老板等。
生活方式：不是太注重时尚，喜欢禅修，追求心灵的成长，过慢生活，有自己的个性和喜好。
爱好：喝茶，听音乐，学习跟慢生活有关的如瑜伽、茶道、花道、旅行等。
消费特点：喜欢舒适、自然的天然纤维材质的服装。

图 6-19　消费者分析 1

消费者分析

都市雅生活

消费者定位：28~35 岁追求时尚、现代、质感，有一定文化修养的人群。
职业特点：企事业白领、时尚工作者、公务员、个体老板等。
生活方式：注重时尚，喜欢看时尚杂志，对自己的要求比较高，喜欢结伴旅行。
爱好：喝咖啡、听音乐、旅行、参加群体活动，喜欢欧美大气的流行等。
消费特点：有自己的时尚态度，喜欢时尚的服装。

图 6–20　消费者分析 2

消费者分析

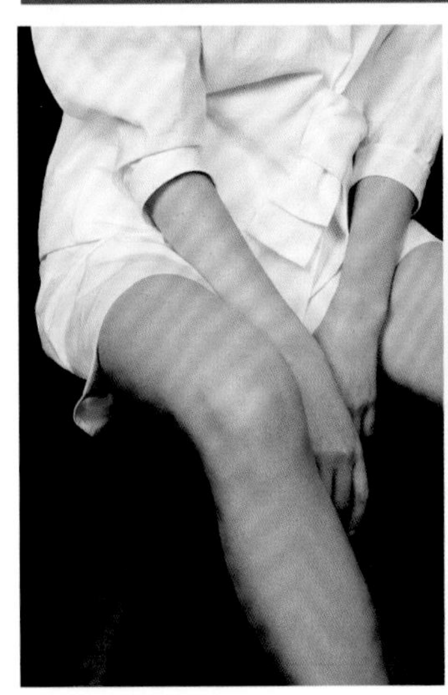

简约生活

消费者定位：32~45 岁追求简约，有一定文化修养的人群。
职业特点：外企白领、公务员等。
生活方式：他们喜欢极简的生活方式，注重生活的品质，喜欢自然的东西，喜欢自己动手做点事，喜欢清净的生活。
爱好：喝咖啡、听音乐、旅行、看书、整理等。
消费特点：贵点没关系，一定是有品质感、设计感和实用的物品。

图 6–21　消费者分析 3

（二）构思

进行前期的调研之后，对市场上现有的橱窗设计、国际流行趋向、目标消费群体有了基本的认识和了解后，就可以根据品牌定位和下一季品牌服装的特点进行橱窗设计的构思了。

要明确的一点是，橱窗设计是为了更好地展示服装的设计主题，烘托服装，营造一种视觉氛围，吸引消费者的眼球。因此，在构思前一定要熟悉和掌握下一季服装产品的设计主题和产品特点。

构思是有计划、有目的地对所要进行的活动进行谋划和设想，如图 6-22 所示是构思的方法。

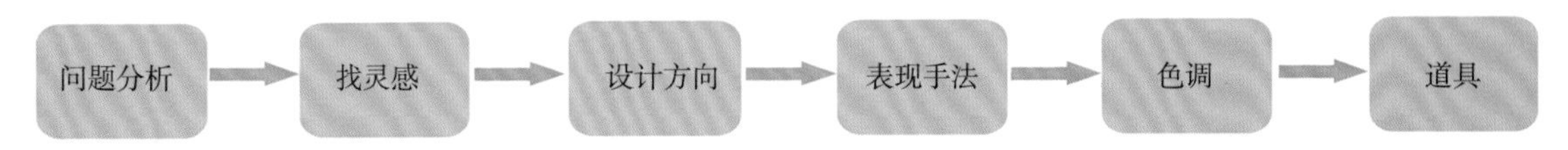

图 6-22　构思的方法

以一个橱窗设计为例进行设计构思的说明。如图 6-23 所示，是某品牌 2015 秋 / 冬圣诞橱窗的设计主题，图 6-24 是该品牌 2015 秋 / 冬的服装图片。

1. 问题分析

将收集来的各种信息综合起来分析，找到能激发灵感的关键词，如图 6-25 所示。

2. 灵感来源

灵感来源很多，电影、图片、艺术思潮、音乐、橱窗、

XXXX品牌
2015秋/冬圣诞橱窗设计主题

马戏团主题结合圣诞元素
突出圣诞氛围
冬装款式及背景大颜色
运用道具元素

图 6-23　某品牌 2015 秋 / 冬橱窗设计主题

图 6-24　某品牌 2015 秋 / 冬服装图片

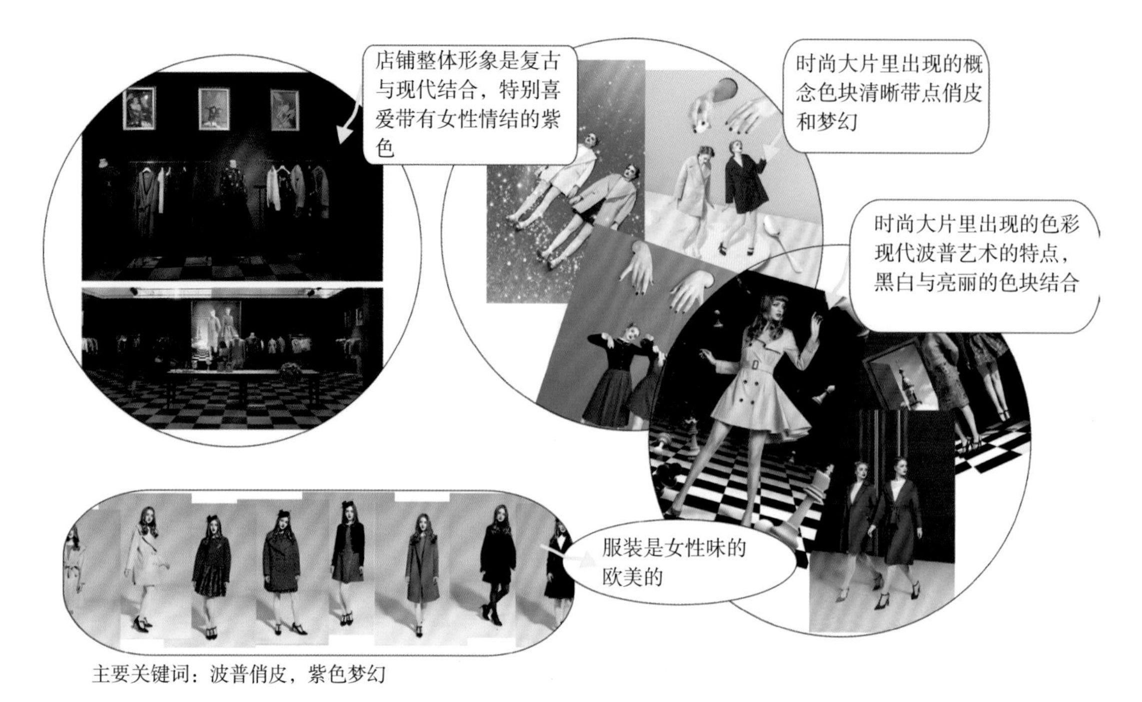

图 6-25　问题分析

某一物件、流行趋势等，不管是哪一种灵感，最后的表现形式是图片和文字。图片是比较直观的形象，图片中的色彩或内容成为灵感的启发，其他的形式往往通过心灵激发出的“关键词”，用文字的形式体现，如图 6-26 所示。

图 6-26　灵感来源

值得注意的是，灵感的爆发是瞬间的，所有出现过的构思需要随时记录下来。

3. 明确设计方向

灵感往往是散发性的，如天马行空一般，需要在众多的灵感中找出吻合下一季服装开发特点的橱窗设计灵感，作为深入设计的方向，如图 6-27 所示。

方案 1 深入设计：场景的构思设计，拉开帷幕，模特从舞台中间出来，带满礼物，俏皮与动感，色彩的处理，突出展示的主体服装和礼物，用暖色调，背景用冷艳色调，与品牌个性相吻合。

图 6-27　明确设计方向

4. 概念版设计

从灵感来源到明确设计方向，通过不断地完善，一个大概的橱窗设计格调基本体现。这个橱窗设计格调是橱窗的概念版，它不是完整的橱窗表现形式，而是将橱窗中的色调格调、造型格调、主题格调等明确下来。

制作橱窗设计概念版时，要有明确的设计主题、设计关键词、设计说明以及色彩组合。设计主题是对橱窗设计灵感的提纲总领，就好像一篇文章的题目一样；设计关键词是对设计主题的进一步诠释；设计说明则是比较形象地将设计概念通过文字的描述进行说明；色彩组合则是体现了橱窗整体的色调形象。在色块上要写明色彩的编号，可以更加科学地说明色彩。

橱窗设计概念版是设计者理清设计思路最好的一种表达形式，也是与客户或上级领导沟通的工具，如图 6-28、图 6-29 所示。

设计主题：喜嬉
关键词：俊俏、嬉剧、舞台、现代
设计说明：人生就如演戏，自己就是主角。俏皮俊俏，活在当下，与时代共舞。冷艳的外表下藏着火热的心，对生活的热爱，嬉闹着，嬉笑着……

图 6-28　概念版设计

Mild Tree 2015 秋 / 冬橱窗概念版

5-6-11
201-146-78
129-99-60
40-26-26
38-58-80
89-101-31
25-31-6

足·旅

关键词：自然、舒适、素雅、现代
设计要素：着眼于人与自然的关系，用身体去体察自然生命中交相辉映的神秘联系。通过旅行，用相机记录着自然中不可名状的意境和情愫。融合森林的自然元素，建立人与自然更紧密的联系，创造宁静素雅的空间，让人在纯净的自然中放松心情，又结合现代感的元素，有一种误入具有时代特点的桃花源之感。

图 6-29　某品牌概念版设计

（三）橱窗设计效果图

设计效果图是对概念版设计的深入构思和演化，是以平面化展现进行表达的方式。进行设计效果图的表现时，通过画草图表达自己的设计思路，深入考虑展示主体的呈现方式，色彩组合的格调以及道具展现的形象和形式等。

1. 展示形式的确定

设计时要考虑采用哪一种展示方式，是场景式的还是构成式的，是主题式的还是趣味性的，是抽象型的还是具象型的，是艺术型的还是促销型的，是悬挂式的还是夸张式等。

2. 展示主体布局

展示方式确定下来之后，就需要考虑在橱窗三维空间里如何将需要放置的物品有组织地放在一起，构成一个视觉空间。也就是说，陪衬物、道具与展示主体的关系如何摆放，需要从人体工程学、美学的角度去推敲。

橱窗有多种形式，有开放式的、封闭式的、还有半封闭式的，下面以封闭式的橱窗为例对布局设计。橱窗空间的布局从前往后可以分为前景、中景、后景；从高往下可以分为高景、中景、低景。前景是以玻璃或与玻璃相近的那个面为主，中景则是可以摆放物体的空间部分，后景则是背景墙或与背景接近的位置。高景是从上到下五分之一的位置，低景是从下往上五分之一的位置，中景则是中间的部位。考虑人体工程学，人们最佳的视觉点为两者交叉的部位，这一部位是重点展示的部位，因此要将展示的主体放置其中最为合理，其他的位置则是以烘托和衬托展示主体的陪体，如图 6-30 所示。在封闭式的橱窗布局中，两侧的墙体被装上镜子玻璃之后，有个更好的透视、延伸和叠影效果，经常被一些品牌所采用。

橱窗的整体布局要遵守形式美的法则，可以采取对称、均衡的设计手法，切忌展示的主体太满，主体太满会让人有压抑之感，图 6-31~ 图 6-34 给出了不同的展示主体的布局。

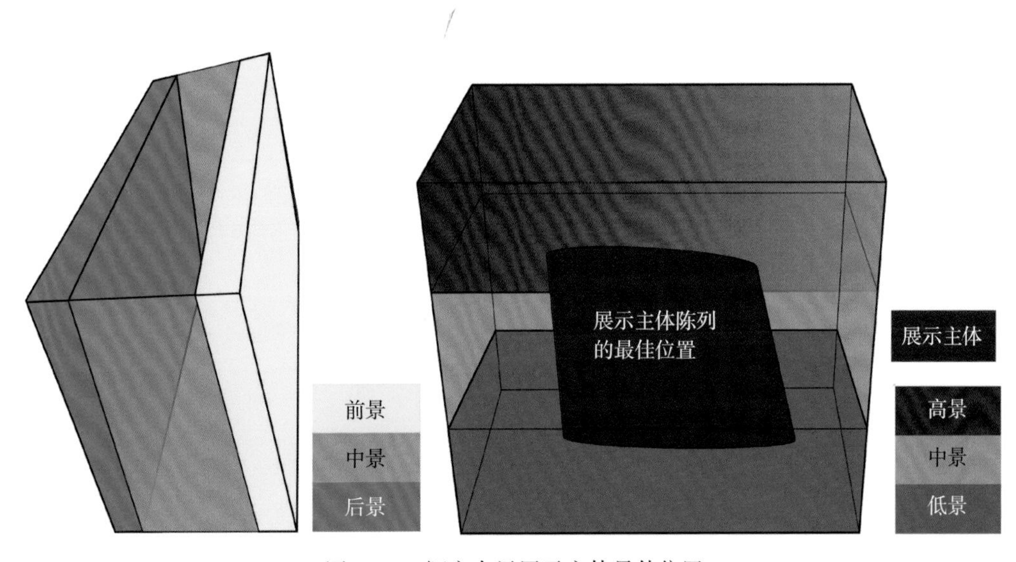

图 6-30 橱窗布局展示主体最佳位置

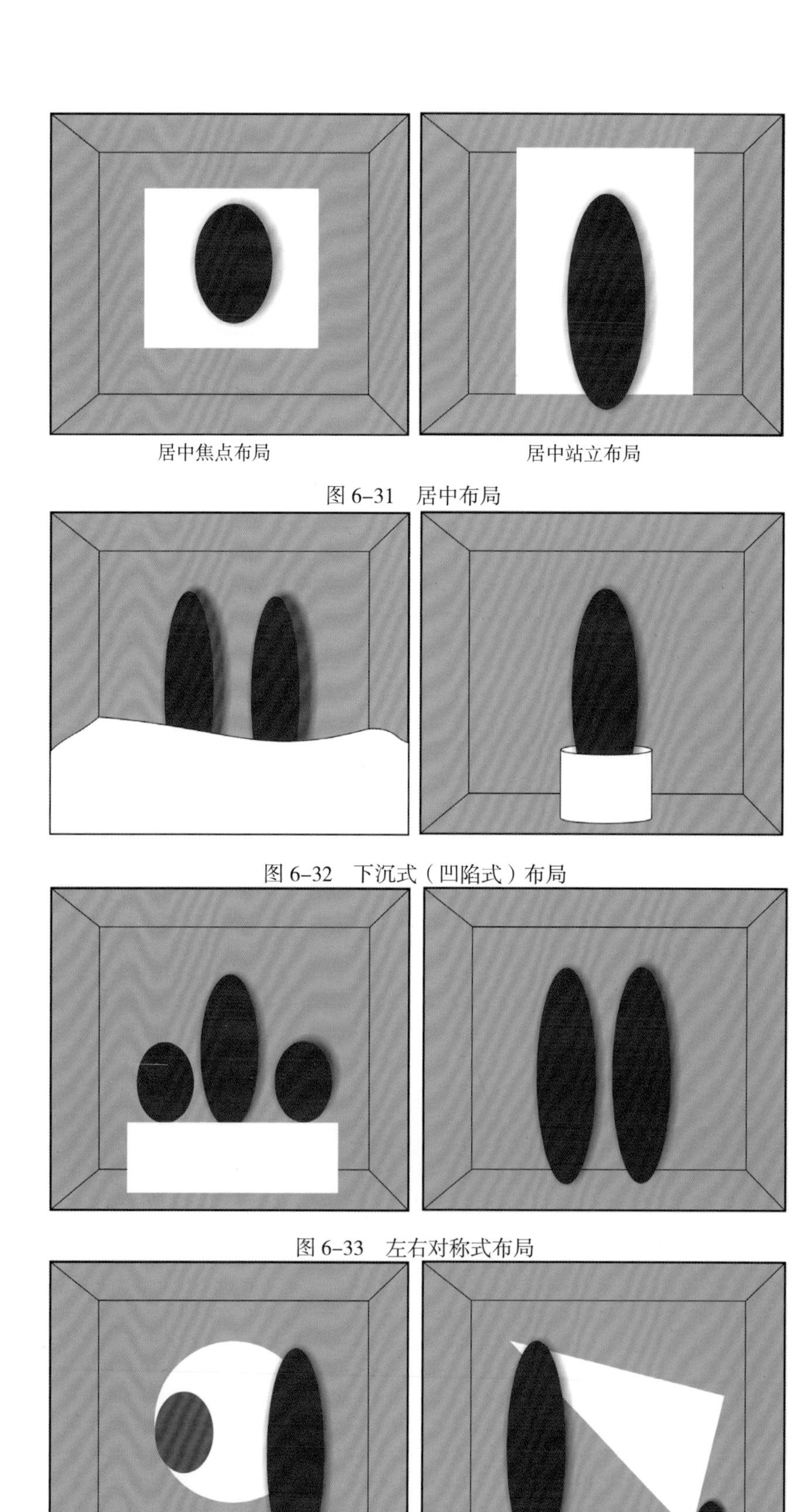

图 6-31　居中布局

图 6-32　下沉式（凹陷式）布局

图 6-33　左右对称式布局

图 6-34　均衡式布局

3. 色调

橱窗设计中，色调设计起到烘托氛围、让消费者产生联想和情感互动的作用。色调设计采用协调的还是对比的、块面的还是写实的、清新的还是自然的、轻盈的还是厚重的，需要与品牌的个性相吻合，需要仔细斟酌。色调可以通过灯光的色彩来烘托氛围。一般而言，促销和节庆日用红色色调的居多。

4. 道具

道具是橱窗设计中的重要语言，在设计的时候，采用什么道具、道具的大小和材料往往让设计师绞尽脑汁。好的橱窗设计道具往往是根据品牌量身定做的，既要考虑道具可操作性、设计的可推广性，还要考虑设计制作的成本。

在设计道具时，道具风格直接影响橱窗设计的趋势。道具起到衬托主体的作用，采用消费群体感兴趣的设计点来开发道具最为关键。道具可以是现有物体的重新组合，也可以是根据展示主体的形状重新开发，图 6-35 所示的橱窗设计，采用场景式的展示方式，展示的主体位于中间，道具的设计增加了趣味性和故事性。

一个魔术帽里出来一只只小猴子，其中有一只小猴子通过另一个魔术帽变出一个圣诞礼炮，然后有一只粗心的小猴子在拉帘布的时候不小心用自己的尾巴勾住了圣诞礼炮的顶端，结果一拉，把圣诞礼炮里面的模特给暴露出来了。

图 6-35 橱窗设计效果图

三、橱窗实施与制作

（一）解剖设计稿

橱窗效果图是平面的形式，橱窗的实施是将平面的形式转化为立体的形式。所以在制作时一定要考虑空间感、层次感、材料的质感和道具的新奇感。同样一个东西，是平面的处理还是立体的处理，采用的材质不同，成品后整体效果差距会很大。

橱窗设计中常用的材料有喷绘材料、木材、金属、玻璃、布料、塑料、纸质材料、玻璃钢、泡沫、涂料、油漆等。每种材料都有自己的特点。在选择材料时要了解材料的特性，比如玻璃在橱窗设计中采用较少，经常会用镜面亚克力。镜面亚克力的优点是容易切割、轻、形状容易处理，成本低。

橱窗设计中关键的设计点就是道具开发，通常品牌会选择量身定制，以独特视觉形象的道具去吸引消费者。做橱窗设计会用到很多道具，使用到很多材料，要与很多厂家进行沟通、合作。因此在解剖设计稿时需要考虑道具的制作成本、运输成本以及道具的可复制性，尽量做到既节省成本又能在较大范围内使用。H&M 品牌橱窗设计成本是非常低的，在设计中大多采用小面积喷绘，加上橱窗玻璃前景中的一些布置作为橱窗整体的设计，做到了效果好，价格低。ZARA 每一季在橱窗设计上的费用比 H&M 略高，设计中大多采用新型的道具来吸引消费者，图 6-36、图 6-37 所示，是对橱窗设计效果图在制作实施前的材质和工艺解剖。

橱窗效果图设计解剖，是对设计的整个空间、材料、细节进行进一步的推敲和完善的过程。图 6-37 中冰川的设计高度太高，有种顶天立地之感；大象的设计排列太往前，使得橱窗整个空间堵住了，太满；墙上象头与前面大象设计重复。针对这些问题对设计效果图作了调整，冰川和大象的排列呈斜线，增强空间的透视感；冰川前面的块面增大，同样增强空间的透视感，墙上的大象头换成品牌的标识，加强品牌标志意识，使整体设计饱满、丰富，如图 6-38 所示。

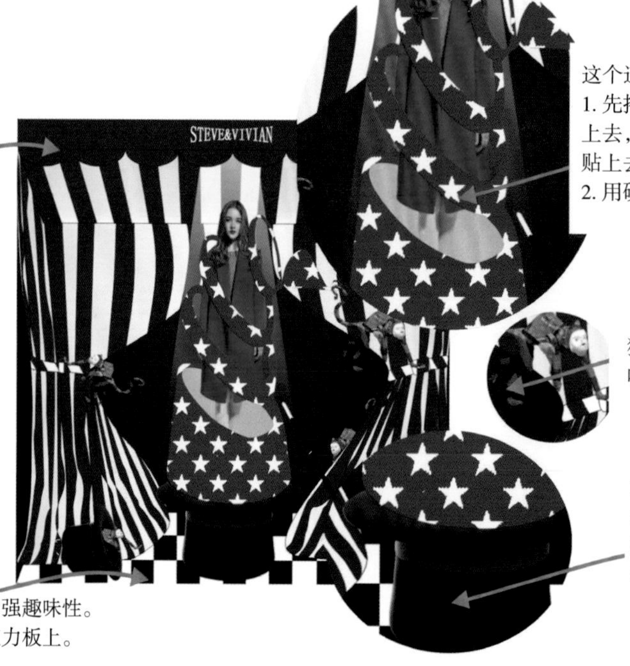

图 6-36　橱窗设计效果图实施及制作工艺解剖

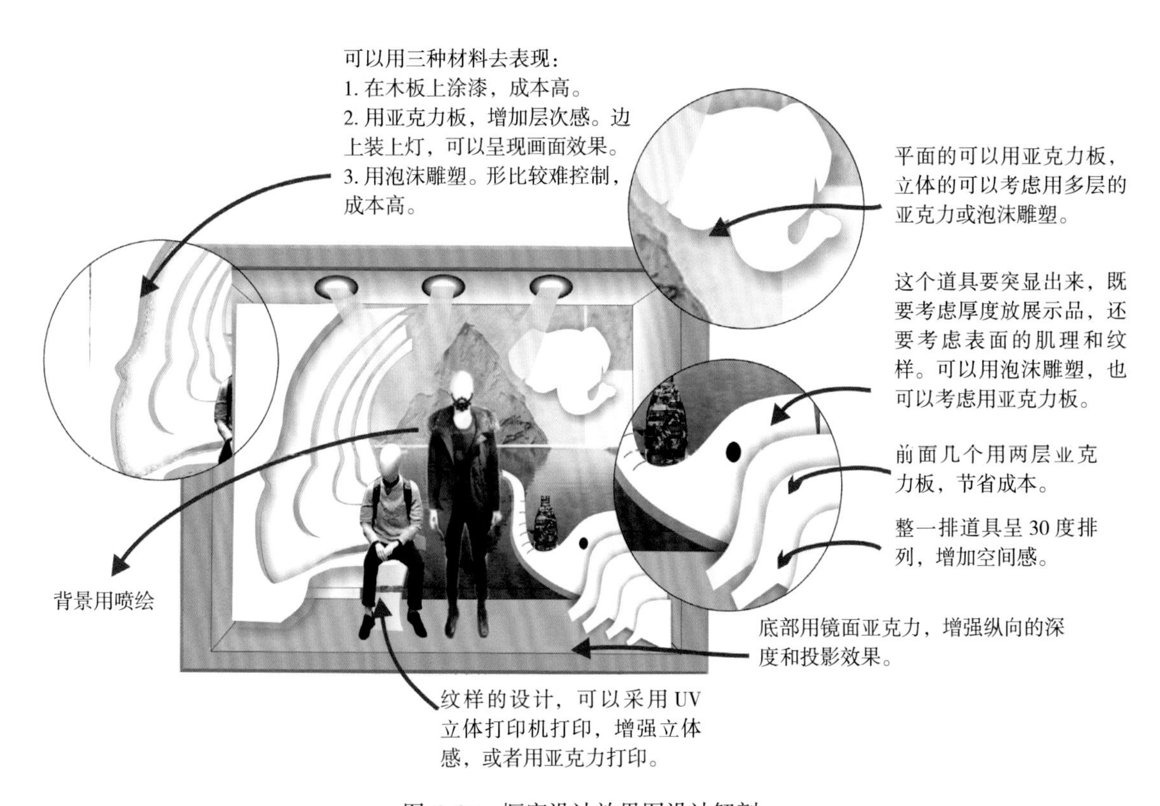

图 6-37　橱窗设计效果图设计解剖

图 6-38　设计效果图解剖图

（二）绘制施工图

施工图是橱窗设计实施过程中很重要的环节，是将设计效果图的二维空间转化为三维空间的过程。在绘制施工图前，先要测量绘制橱窗的实际三维空间的尺寸，将橱窗长、宽、高尺寸测量准确，根据橱窗实际的面积进行道具的开发和制作，并标注出道具在橱窗中的大概比例和位置以及每个道具的详细制作尺寸和比例。因此，设计师需要懂得设计的工艺结构和施工。虽然这些工作会落实到特定的加工单位进行制作完成，但是设计的比例、大小、材质的表现效果等是设计师必须要懂得和熟悉的，这会让设计师更好地设计和开发产品。施工图用 1:1 的比例来画（单位：cm），常用 CorelDRAW 软件来画施工图，如图 6-39 所示。

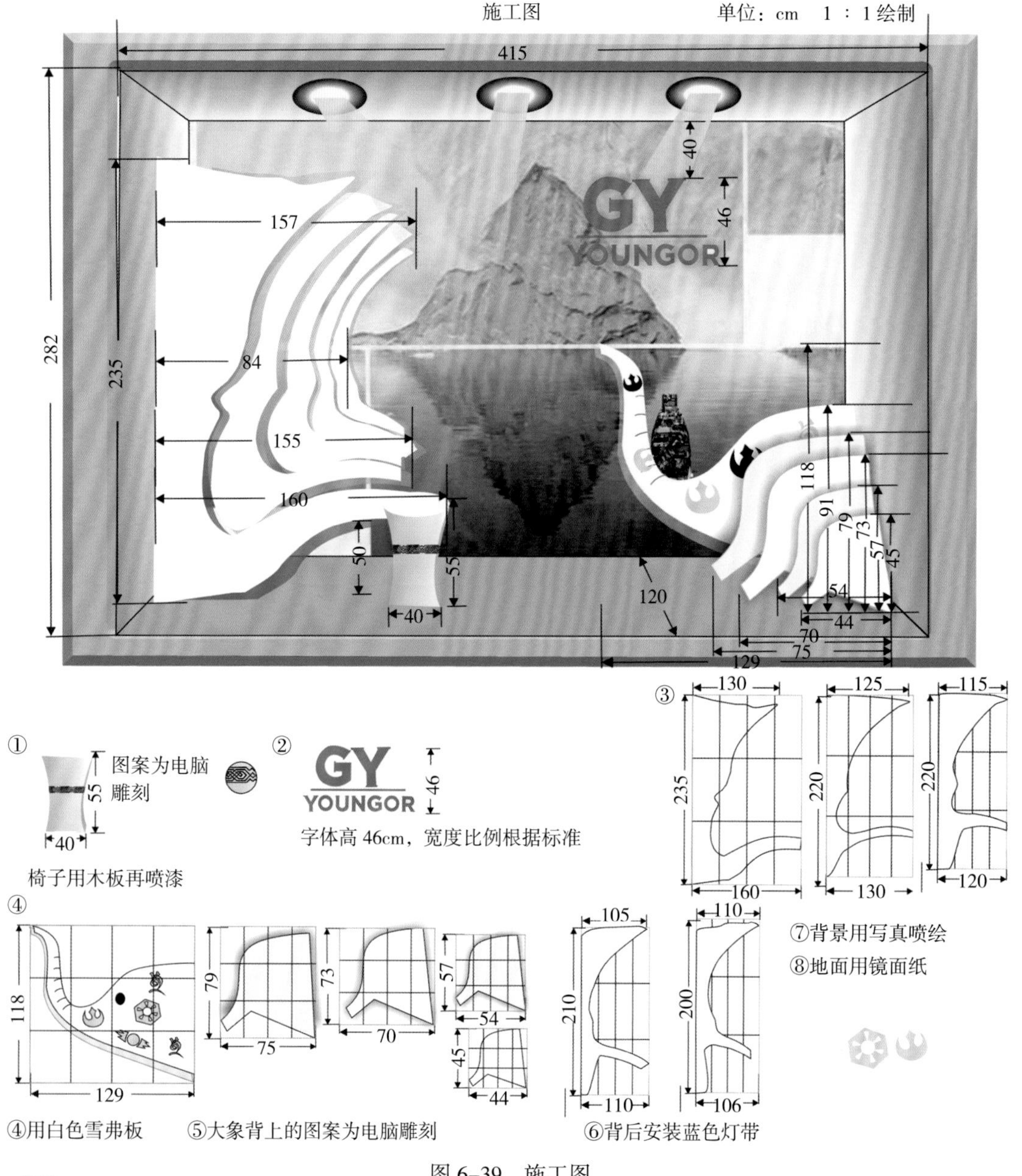

图 6-39　施工图

俯视图是促使人们了解立体空间概念的呈现，是从上往下空间的展示。在企业实际制作橱窗的过程中，品牌的橱窗不都是一样大小的，要分成大的橱窗和小的橱窗两个样板来制作，如图 6-40 所示。

在绘制道具尺寸的时候，要考虑道具在橱窗中的比例要协调，空间完美。对于一些要求严格的道具来说尺寸是非常重要的，一般情况下，设计师标注的道具尺寸需要多次打样才能成功的，如服装一样，从设计效果图到最后服装大货生产，会经过多次反复的打样才能确认。为节省成本，在进行橱窗设计实物制作时，也可以用缩小板做个模型，用便宜的材料如纸、泡沫等。

俯视图

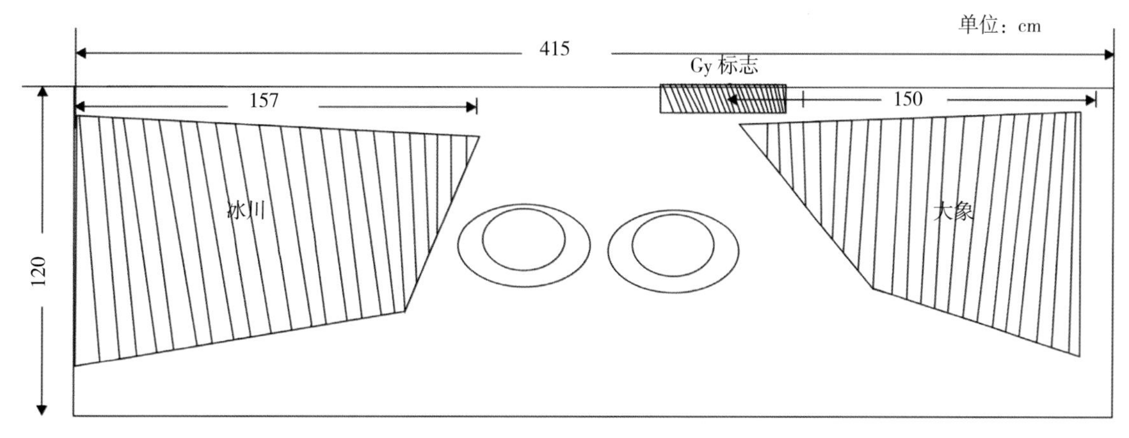

图 6-40　橱窗俯视图

（三）制作和实施

制作过程是个繁复的过程。前面提到，很多道具需要道具厂配合制作，但具体选什么样的材料，大概的规格要求，成本控制，道具功能、色彩、品质要求等都需要设计师提供，这些因素直接影响到最后成品的形象。

由于每个店铺的橱窗尺寸有区别，因此，实际制作过程中需根据具体情况进行调整。在制作道具的过程中，还需要考虑道具的运输便捷性、运输成本、道具的可推广性，对于企业来说，一切可节省成本的方面都需要考虑。

图 6-41、图 6-42 所示，是橱窗设计在实施制作过程中的再设计与调整。这是一个场景式的橱窗，设计师在设计的时候有对现实生活俏皮和诙谐的设计意蕴，由于这个橱窗特别高，在实际实施的过程中，在底层的帽子就用有厚度的箱子做成，以垫高模特的高度，整体看上去协调，地面黑白格子的处理用喷绘完成。由于地面一开始没有计算好，格子太小，影响了整体的效果，因此重新作了调整，背景的白色也作了深灰色处理，使整个背景处于中明度的层次，以显示出力量感和神秘感，加强了主题的俏皮与诙谐的效果。礼炮的箱子是本设计中最难实施的道具，与道具厂进行了沟通，最后采用厚纸板来完成凹造型，效果还不错。只是整体缠绕的效果降低了突出主体服装的展示效果，最后去掉了中间的缠绕，突出了橱窗整体的视觉效果，加强了服装的展示。在灯光调整阶段，从下向上的灯光是否需要则是进行了考虑和调整，最后还是决定用从下向上的灯光照射，以提升橱窗整体的视觉效果。

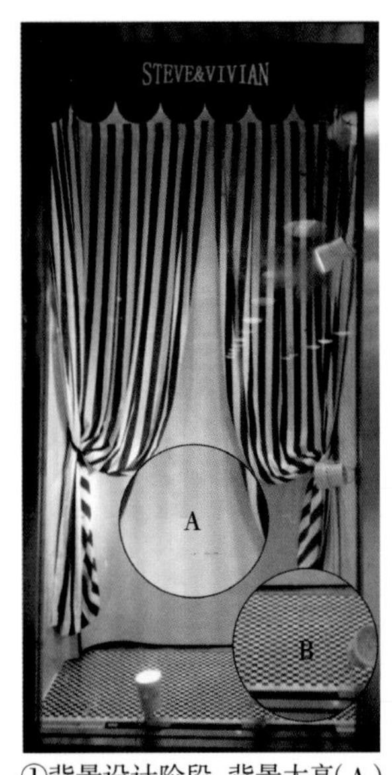

①背景设计阶段，背景太亮（A）地面的格子太小（B），不能很好地显示品牌个性，视觉效果不强。

②地面修改为对比强的格子，对比强烈，有分量感。

③光考虑效果图的实现。从橱窗是展示服装这一点来说，服装的展示没有达到。

④去掉中间的道具，既增强了视觉效果，又很好地展示了服装。

图 6-41　橱窗设计制作过程

图 6-42　橱窗设计的调整过程

图 6-43 所示，也是前面提到的一个橱窗设计案例，这是一个抽象化的场景式设计，冰川和大象都抽象化成一个平面的设计，冰川和大象在形象上又成为互为呼应的点，这是设计

图 6-43　橱窗设计制作及实施

的巧妙之处。在实施的过程中，冰川的加工工艺是最大的难点。用什么材料考虑了很长时间，由于橱窗大，冰川需要稳定性，最后选用雪弗板的材料，不同厚度的雪弗板价格差距很大，为节省成本，最后选定的是 1cm 的雪弗板，用钓鱼线在上面作固定。雪弗板的背部边缘装订上蓝色灯带，突出了藏族装饰图案的神秘元素。五只大象在最后一只大象中采取象征的设计手法，增加视觉效果和趣味性，并在这只大象的身上装点上藏族的装饰图案，图案是在 KT 板上打印好再贴上去，有立体的效果，增强了立体感。

（四）调整

橱窗道具基本完成后，就要把展示的主体模特和服装放上去。服装搭配这里不作详解，这些都完成之后，对整个橱窗进行调整和完善，如模特的朝向、道具的摆放、灯光的调整等。

灯光的调整是一个很重要的环节。灯光照射的位置是以 45 度角的方向打到服装的主要部位，不要将灯光朝外面打，以避免让灯光照射到观众的眼睛。

如图 6-44 所示，这里有两个灯光处理，一个是设计上的灯光，设计师运用了蓝色的灯带装在板的背面，提升了橱窗整体的色调感，并且通过蓝色将藏族装饰图案神秘的氛围烘托了出来，并且留在了观众的视线中。为了将橱窗的视线集中在服装上，取消了侧面的灯光，将原来装在侧面的灯移至橱窗顶部，加强从上而下的灯光照射效果。

图 6-44　橱窗设计最后调整

第七章 流行色应用

流行色在色彩营销中的卖点是新、时尚、年轻。在终端卖场中如何诠释流行色，需要读懂流行色，熟悉流行色背后的成因，了解流行色流行的因素和特点，进而选择与品牌文化和品牌形象契合的流行色应用到服装陈列色彩设计中，达到流行色“色彩营销”的目的。

第一节 读懂流行色

流行色是时代的综合反映，读懂流行色是一门学问。现代信息高度密集，加之众多的流行色发布机构，找到与品牌契合的流行色是关键。在服装品牌的运作过程中，流行色与服装产品开发和服装款式推广有着紧密的联系。

一、读懂流行色的关键成因

流行色是流行色预测机构对当下的社会、政治、经济、文化、宗教、科技、产业环境、市场环境以及人们心理、生理等因素进行大量调研，收集大量资料基础上，经过综合分析后进行的预测。

（一）流行色是当下时代的综合反映

流行色是当下时代的综合反映，借以材质诠释色彩的情绪意象。如图 7-1 所示，彰显明朗、

图 7-1　流行色是时代的综合反映

亲切的形象特征。2016 年国际流行色提案中其中一组为来自实验室的色彩，是在自然色彩的基础上通过实验室实验结果而来，使色彩从物质的形式向非物质的形式转化，是科技进步的一大体现，也是人类精神需求的结果。

（二）流行色能满足人们心理和生理的需求

现代的人们生活节奏快，人们的情绪变得焦虑、急躁，国际流行色预测机构充分利用色彩心理的科学性，将能缓解人们焦虑、急躁的心理色彩或是能给人无限能量和潜力的色彩预示为流行色。如 2014 年国际流行色发布的黄色、紫色两个流行色。黄色让人联想到太阳、阳光，昭示着无限的能量，是乐观的颜色，黄色能驱除无聊和焦躁，释放压力，帮助身体和思想恢复平衡，如图 7-2 所示。紫色是光谱中能量最强的色彩，可以增强内心的力量，实现自己的梦想，如图 7-3 所示。通过黄色和紫色的色彩心理影响，将人们外在的能量和内在的能量结合，缓和焦虑、急躁的情绪。

同样，2016 春 / 夏国际流行趋势发布的流行色紧紧抓住当下人们的心理和生理需求，关注人们关心的社会问题：如慢下来、减少噪声污染、保护自然、再次倾听传统文化、渴望简单的生活、追寻内心的平静等，于是发布的流行色彩是中性的、灰的，给人以历史、文化、人性的感觉；或是鲜艳、明亮、呈现出活力、希望的感觉。总体给人的感觉是平静、温和、和谐、有序。

图 7-2　流行色黄色给予的色彩能量

图 7-3　流行色紫色给予的色彩能量

（三）流行色是反复循环的过程

流行是反复循环的，一般 5~6 年为一个流行周期。流行色在流行的一个时间段里，会根据当下的社会、市场需求以及季节，在色相、色彩彩度、明度、色调上发生微妙的变化，如图 7-4、图 7-5 所示。从季节上来看，春夏季的色彩明亮、透明、干净，如图 7-6 所示。秋冬季的色

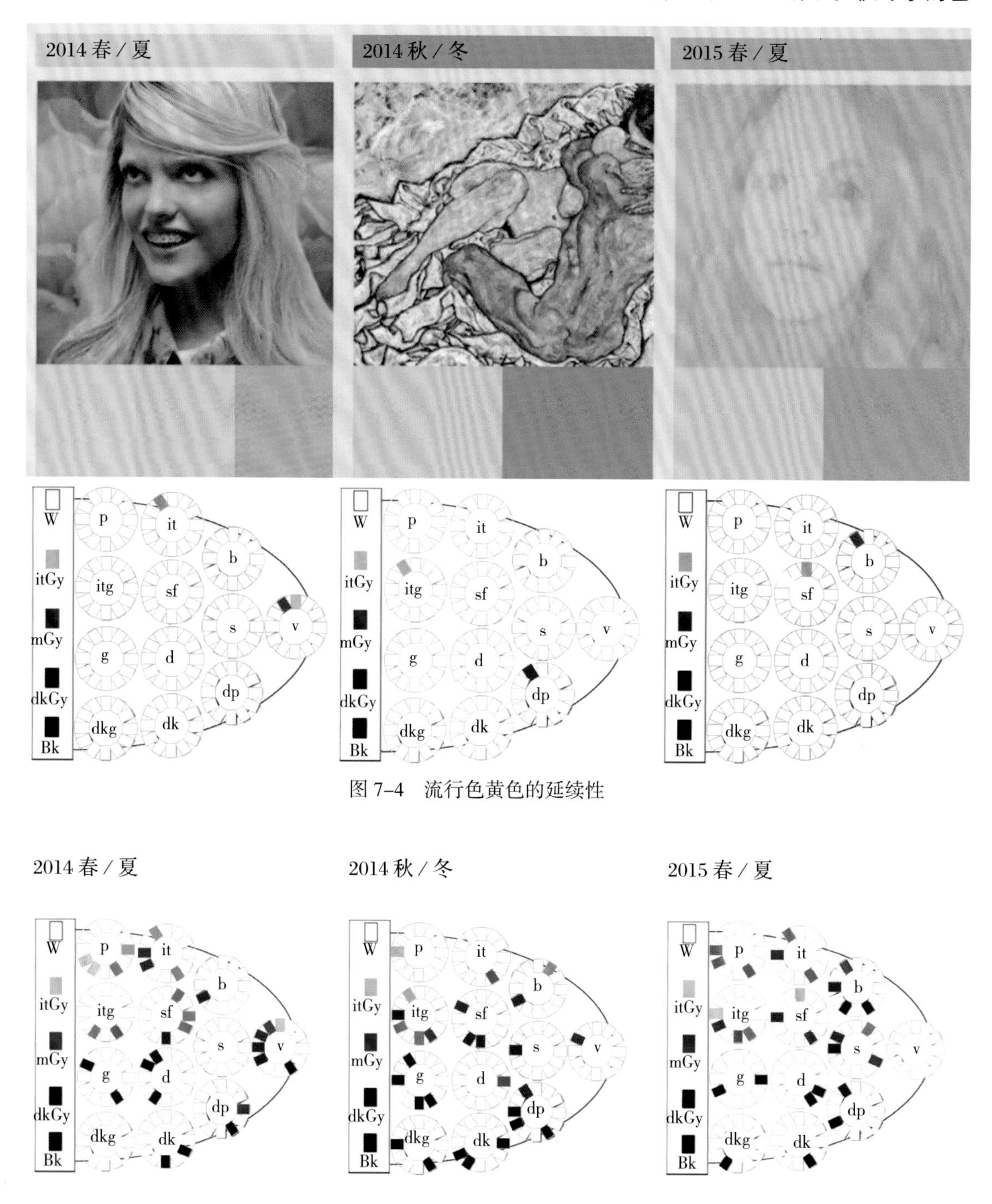

图 7-4　流行色黄色的延续性

图 7-5　2014 春 / 夏，2014 秋 / 冬，2015 春 / 夏流行色色调图变化对照图

彩浑厚、峻丽、饱满，如图 7-7 所示。这跟气候呈现的自然景色以及人们换季时的心理需求相关联。如春季，大地苏醒，一片春意盎然的景象，空气清新、舒服。人们从冬季跨入亮丽的春季，服装从厚重到轻薄，服装的质料、色彩需要轻松、整洁，才能让心得到最好地释放；秋冬季恰恰相反，落叶纷飞，自然界慢慢进入成熟的季节，大地呈现出更多的包容。人们面对秋风瑟瑟，服装的质料、色彩需要更多的温暖感、厚实感，才能让心有一种踏实和沉稳的感觉。

图 7-6　春季的自然色彩感

图 7-7　秋季的自然色彩感

（四）流行色不断推出“新”的色彩

流行总是与变化有关。流行是抓住人们喜新厌旧的心理特点，不断地推出新的流行趋势、新的色彩，这种新的色彩是之前调色板或者是市场上未见过的颜色，只有这样才会给人们一种新鲜感。国际流行趋势发布的顺序是：流行色预测机构对 18 个月后即将流行的色彩进行趋势预测，随后则是纱线、面料、服装的趋势预测。国际上公认最权威的纱线展是意大利的 PITTI IMMAGINE FILATI 纱线展。最权威的面料展则是法国的 PV 展和意大利的 UNICA 展，前者侧重女装面料，后者侧重男装面料。随后四大时尚中心巴黎、米兰、伦敦、纽约对服装的流行进行发布。如图 7–8、图 7–9 所示，是服装品牌发布中的色彩与流行色预测色彩的吻合度，图 7–10 是国内品牌服装色彩与流行色的吻合度。

图 7–8 2015 春 / 夏流行色预测蓝色与国际品牌服装预测的吻合度

图 7–9 2015 春 / 夏流行色预测紫色与国际品牌服装预测的吻合度

图 7-10　2014 秋 / 冬国内品牌成衣市场流行应用

二、读懂流行色流行的配色特点

流行色预测机构预测的色彩不是一个或是几个，而是以主题的形式，有四至六组。这四至六组的色彩有主题，有色彩关键词和色彩来源说明。这四至六个色彩主题在色相、彩度、明度，尤其是色调和色彩配色上有很大的区别。如 WGSN 网站预测的 2015 春 / 夏流行色趋势，一共有六个主题，自然观察、自然精髓、历史记录、想象无边、扩散效果、自然再造，如图 7-11 所示。自然观察的流行色彩以绿色为主，带有自然的气息，平实，质朴；自然精髓的流行色以暖色为主，明亮带有光感；历史记录主题下的流行色彩则以沉淀感的黑色、深蓝灰色为基调，加以紫红色和浅粉红点缀等，配色总体的感觉给人平静中带有希望，如图 7-12 所示。

图 7-11　WGSN 网站 2015 春 / 夏流行色预测

综合分析流行色趋势，流行的配色特点主要有：冷色调或低纯度的宁静感配色；文化碰撞，情感互动，视觉效果强，色彩丰富的对撞感配色；注入白色带有光感的模糊感配色；科技探索，富有质感的配色以及自然色系的中性色配色等。

图 7-12　历史记录流行色主题配色

（一）平静、宁静感的配色

平静、宁静感的配色是近几年流行趋势中涉及较多的一种流行配色，也是人们需要慢生活，追求内心平静，关注事物本质的精神体现，它以蓝色、浅粉色、灰色等色彩组合所形成的和谐感配色，给人平静、宁静之感 。这组配色让人们专注于某一项事情，关注材质和产品的故事，如图 7-13、图 7-14 所示。

图 7-13　平静、宁静感的配色

图 7-14 宁静感的配色

（二）文化碰撞、情感互动、想象无边、梦幻的对撞感配色

文化碰撞，情感互动，富有对撞感配色，是信息化、全球化社会文化碰撞的体现。对撞感配色色彩炫丽，颜色数量多，色彩彩度高，对比强烈，富有强烈视觉感，如图 7-15 所示。视觉感强的对撞感配色中，色彩表现形式的不同给人的感觉也是不同的，如以色块体现的对

图 7-15 文化碰撞的对撞感配色

图 7-16　现代感的对撞感配色

撞感配色，给人以明快的现代之感，如图 7-16 所示。炫丽的色彩加之灵动的表现形式，则有一种炫目的视觉效果，如图 7-17 所示。

（三）带有光感的模糊感配色

带有光感的模糊感配色，每个颜色中都注入了白色，感觉是无限的光芒照射，加之都是粉亮色呈现，色彩组合之后产生的模糊光感和协调感，给人以无限能量的扩张和浪漫轻盈之感。这一类的配色特点是色彩丰富，色调统一。这一配色特点将在 2016 年、2017 年的流行趋势中延续，如图 7-18 所示。

（四）科技探索、富有质感的配色

随着科学技术的不断进步，人们对自然奥秘的探索越来越多，不仅有宏观的宇宙探索，还有微观的细胞探索，进而发展成人类的科技文明史。这一类的色彩非常有质感，主要有灰色、灰色和冷色系

图 7-17　炫丽视觉效果强的对撞感配色

图 7-18　带有光感的模糊感配色

的组合，颜色不是太丰富，在配色中明度的渐变色或纯度的渐变色体现色彩的质感和丰富感，如图 7-19 所示。

图 7-19　科技感的配色

（五）自然色系的中性色配色

自然色系的流行是体现人们追求自然、与自然和谐相处的愿望，一种生命力的张扬。自然界给予人们的色彩是丰富的，大地色系总是给人以沉稳、朴素、轻松之感。自然的色彩以绿色、米棕咖色系为主调，色调的区域主要以浊色的中性色为主，色彩组合后呈中明度之感，如图 7-20 所示。

图 7-20　自然色系的中性色配色

第二节 流行色与色彩营销

色彩营销是风靡世界的七秒钟色彩这一研究结果在零售业终端卖场的体现，将色彩文化、色彩心理、色彩语言、色彩情绪、色彩喜好等与消费者个体色彩喜好、色彩情感、色彩经验结合起来，通过色彩，尤其是流行色及其流行主题在终端卖场服装陈设色彩设计中的应用，与消费者达成情感上的共鸣，促进商品销售。

一、当季服装产品流行色的色彩营销

服装产业是时尚产业，不管是国际服装品牌还是地方性的服装品牌，都是根据目标和潜在消费者对服装时尚度的调研，结合流行趋势进行综合分析，预测下一季服装产品的流行色。在终端卖场中通过橱窗或者演示主题的形式进行流行色的陈列展示，这是最快速、最直接地传播品牌产品形象的途径，如图 7-21 所示。

图 7-21 流行色在橱窗中的展示

图 7-22　DIOR2012 年雅致情调的生活方式橱窗设计

需要注意的是，流行色并非是视觉冲击力强、彩度高的颜色，而是根据品牌自身定位推出的色彩情调，这种色彩情调可以是以生活方式进行展示，或者是某一主题进行展示，如图 7-22、图 7-23 所示。

流行色作为色彩营销时，可以是一个色彩的反复排序，强调一个色的色彩营销，如图 7-24 所示；也可以是一组色彩的陈列展示，强调系列感的色彩营销，如图 7-25 所示，黑白灰作为某品牌的经典色系的陈列；如图 7-26 所示，米棕色系作为某商务男装品牌的主推色系。

图 7-23　流行色配饰主题陈列

图 7-24　流行色单色陈列

图 7-25　某品牌经典黑白色系列陈列

图 7-26　某男装品牌米棕色系列陈列

二、道具形式流行色的色彩营销

除了服装产品本身的流行色时尚元素外，有些品牌，尤其是一些男装品牌在产品开发的时候流行色运用并不是很多，为了在终端卖场增加流行色的时尚卖点，品牌可以通过烘托服装氛围的道具色彩或装饰品色彩的流行元素，体现流行色的色彩营销元素，如图 7-27 所示，三个服装品牌在终端卖场中都呈现了流行色——黄色，巧妙地将流行色黄色应用到道具之中，既突出品牌形象，又体现了流行元素，如图 7-28 所示，图（a）的黄色是服装的黄色和道具的黄色，与紫色搭配在一起，生动、活跃，感官刺激强，图（b）是一个男装品牌，服装本身并没有黄色，但是通过黄色道具的显示，活跃了本来安静的服装色彩和卖场的气氛；同样的方法，图（c）是采用了木质的黄色道具，与牛仔蓝的系列服装形成对比色，通过道具强烈的感官刺激引起消费者的注意，图 7-28 所示，在橱窗设计中将流行色通过背景的形式呈现。图 7-29 所示，是 FENDI 在橱

（a）

（b）

（c）

图 7-27　品牌在道具开发中采用流行色

图 7-28　将流行色用在背景色中

窗设计中采用装饰品的流行色元素，使得无彩色服装多了一层彩色的想象和意韵。

图 7-29 FENDI 品牌通过紫红色的渐变色系彰显流行元素

三、流行主题的色彩营销

前面已经提到，每一个国家、每一个机构、每一个公司在推出流行趋势时是经过大量调查分析的，每个色彩、每组色彩的背后都是有故事的，因此，在终端卖场的色彩视觉营销中，需要通过橱窗的形式将流行趋势进行主题式的设计展示。2014 年的流行趋势，是对自然、传统、生态环境的保护，众多的品牌将这种生态丛林的元素运用到了橱窗展示设计中。国际顶级奢侈品牌 HERMES 在 2014 秋 / 冬季橱窗展示中，以绿色为背景，通过生态植物与服装缝纫工具相结合，用原始的木质道具烘托出品牌历史悠久、经久不衰，以及传统精湛手工艺的品牌文化和品牌形象，如图 7-30 所示。图 7-31 所示，某品牌在鞋的橱窗设计中，将鞋展示在盛开的桃花中，桃花以红粉色系展示，以中国水墨画的形式出现，使产品设计更具艺术性。

图 7-30　HERMES 品牌 2014 秋 / 冬季橱窗色彩营销主题

图 7-31　某品牌流行主题色彩营销

四、POP 形式的色彩营销

POP 形式的色彩营销是通过动态或平面的形式进行宣传的一种方式。宣传海报一般用在灯箱广告、杂志广告、网站广告、微博、微信的宣传途径中。卖场中 POP 促销海报也是色彩营销方式的一种，日本快时尚品牌 UNIQLO 在 POP 海报中一贯使用红色为宣传色，如图 7-32 所示。

图 7-32　日本快时尚品牌店铺橱窗内的 POP 色彩营销

第八章 服装卖场色彩营销设计手册制作与执行管理

服装卖场色彩营销设计手册是指导店铺日常规范和陈列执行的一种手段，是维护品牌形象的一个途径。因此，在制作时既要考虑手册制作的严密性和周全性，还需要考虑执行人员的可操作性。

第一节　服装卖场色彩营销设计手册制作

服装卖场色彩营销设计手册制作的原则主要有简便性、有效性、可操作性、方便管理性以及品牌性。服装卖场色彩营销设计手册有三种，卖场店铺标准手册、店铺陈列手册以及服装搭配手册。

一、服装卖场色彩营销设计手册制作原则

（一）简便性

简便性，对于实际操作人员来说，拿到这本手册就是有了一本说明书，要简单、易懂。

（二）有效性

有效性，就是根据品牌服装当季的服装主题和时间进行手册的制作。

（三）可操作性

可操作性，是便于手册执行人员的操作。尤其是缺少陈列师的品牌，店务人员对陈列方法和技巧不是太专业，可以通过服装卖场色彩营销设计手册进行初步操作。

（四）方便管理性

方便管理性，是方便店铺管理人员或督导人员进行店铺形象管理和督查。

（五）品牌性

品牌性，是指手册要符合本品牌的实际和管理模式。

二、服装卖场手册的形式

服装卖场手册的形式包括标准手册、陈列手册和搭配手册三种。

（一）服装卖场标准手册制作与内容

服装卖场标准手册制作与内容，是指根据品牌个性对陈列规划有基本的规范要求和说

明，如橱窗模特陈列有几个，卖场应该怎么陈列，正挂怎样陈列，侧挂怎样陈列，叠装怎么叠放陈列，一个货架根据季节陈列多少个 SKU 数，日常店铺维护规范以及店务形象等。

1. 封面

包含手册的种类和制订时间。

2. 品牌陈列概念与法则

讲述品牌陈列的概念与法则。

3. 店务形象标准要求

包含店务人员的妆容，着装规范要求。一般情况下，品牌对自己的店铺员工妆容和着装有统一的要求。

4. 基本陈列规范

包含衣架陈列规范、吊牌陈列规范等。一般情况下，衣架的方向朝里面，吊牌要藏到服装里面。

5. 货架分类陈列规范

货架的陈列规范包含叠装陈列规范；侧挂陈列规范；正挂陈列规范以及一个仓位陈列规范等。比如叠装如何叠，放多少个 SKU，多少件商品；侧挂怎么挂，放多少个 SKU，多少件商品等都有详细的规范说明。当然根据季节服装量感的不同，夏装和冬装的 SKU 数量有所不同，在规范中也需要说明。

6. 日常店铺维护规范

日常店铺维护规范要求店铺日常卫生的保洁；规定橱窗调换陈列的时间；仓位服装调换时间；店员形象的规范保持；店铺日常形象维护；服装销售或试穿后的及时调整与归位等。表 8-1 所示，为卖场陈列日常维护考核标准。

表 8-1　卖场陈列考核标准

内容		说明	分值	需要改正的具体内容
服装陈列	分区陈列	男装、女装、童装分区		
	展示陈列	按同一系列集中陈列		
	重复出样	每个款式按三件重复出样		
	尺码要求	正挂尺码要求从小到大，S、M、L		
	叠　装	叠装按同一款式的三至四件陈列，图案完整，陈列在中岛或板架上		
	侧挂色彩搭配	色彩搭配从浅到深陈列，色系搭配有序，有些可以采用间隔陈列		
	服装陈列标准	吊牌不外露，所有陈列服装熨烫平整，无污渍，无线头		
	衣架标准	衣架无破损，距离一致，衣架方向统一，一律朝里，服装朝向统一		
	主推产品	新款，主推商品陈列在最上部，陈列每周调整一次		
店铺形象	店铺卫生	店铺卫生整洁，东西不乱放		
	店务形象	店务根据要求化妆，着装整洁		

（二）服装卖场陈列手册制作与内容

服装卖场陈列手册制作的内容主要是针对品牌每一季产品的色系和上货波段进行陈列的规划。规划好每季每波段的发货时间、上架时间、主推款以及它们的搭配陈列方式。

1. 季节色系

每一季品牌在制作陈列手册时，已经对本季的产品色系以及每一波段的色系进行了规定，如图 8-1 所示。

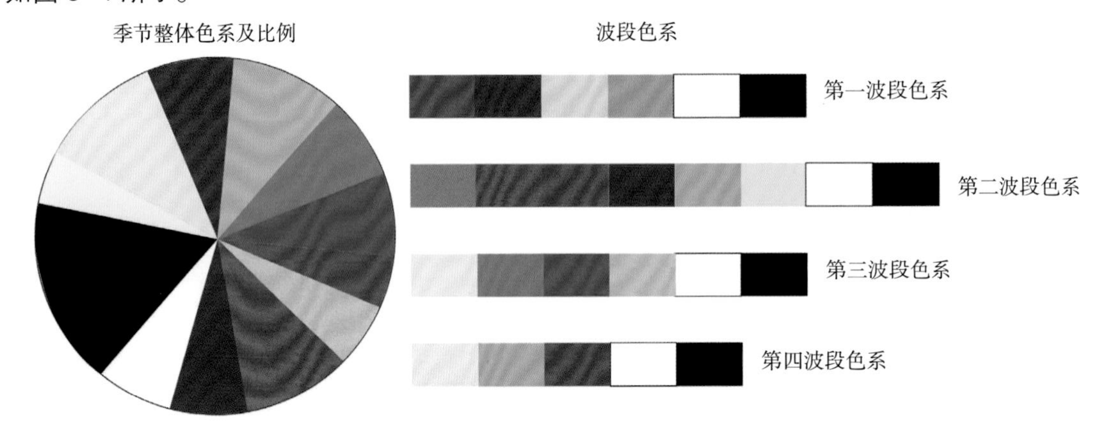

图 8-1　陈列手册季节色系及波段色系规定

2. 每个波段上货的时间与色系规划

首先对本季所有货品的波段上货的时间以及色系进行规划，让陈列师和店员能提前了解一个季节所有货品的色系和上货时间信息，如图 8-2 所示。

其次对分波段对每一波段色彩的搭配方式进行规划和指导，如图 8-3、图 8-4 所示。

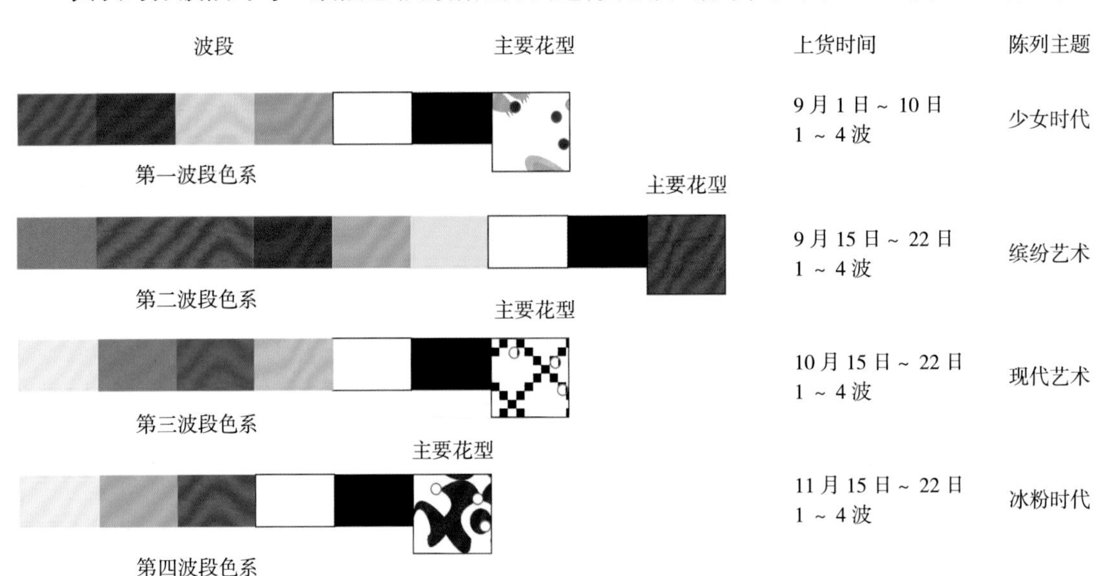

注：1 ~ 4 波是指这一时间段分四次进行服装新品上架

图 8-2　陈列手册波段色系及上货时间（秋 / 冬）制作

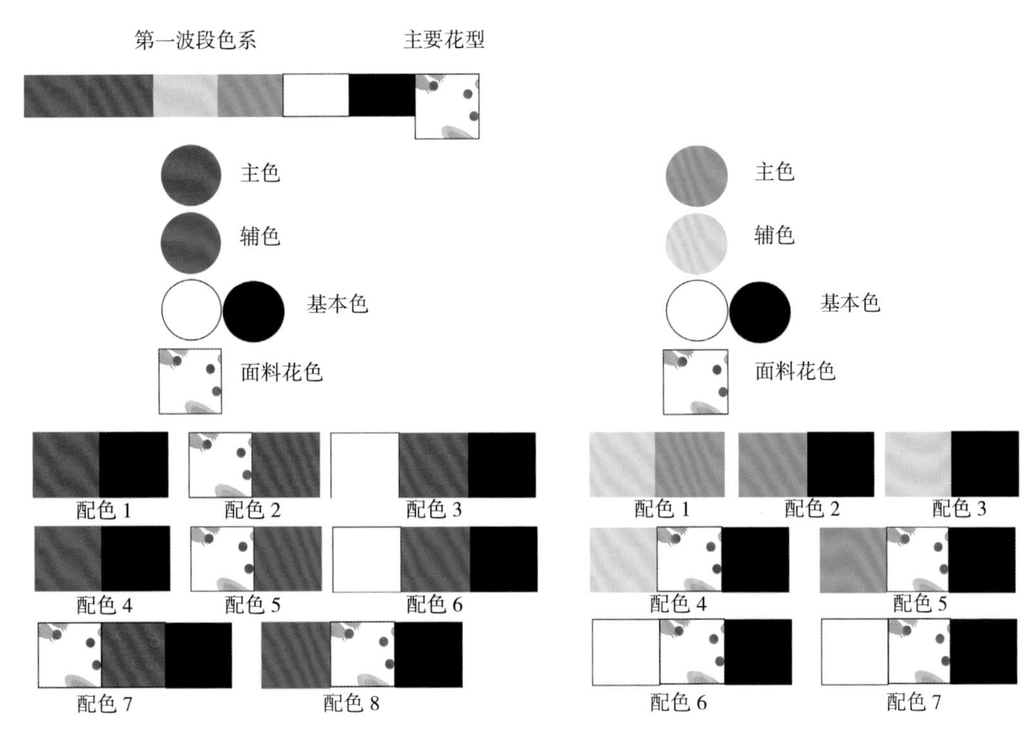

图 8-3　陈列手册波段色系及配色规划 1 制作

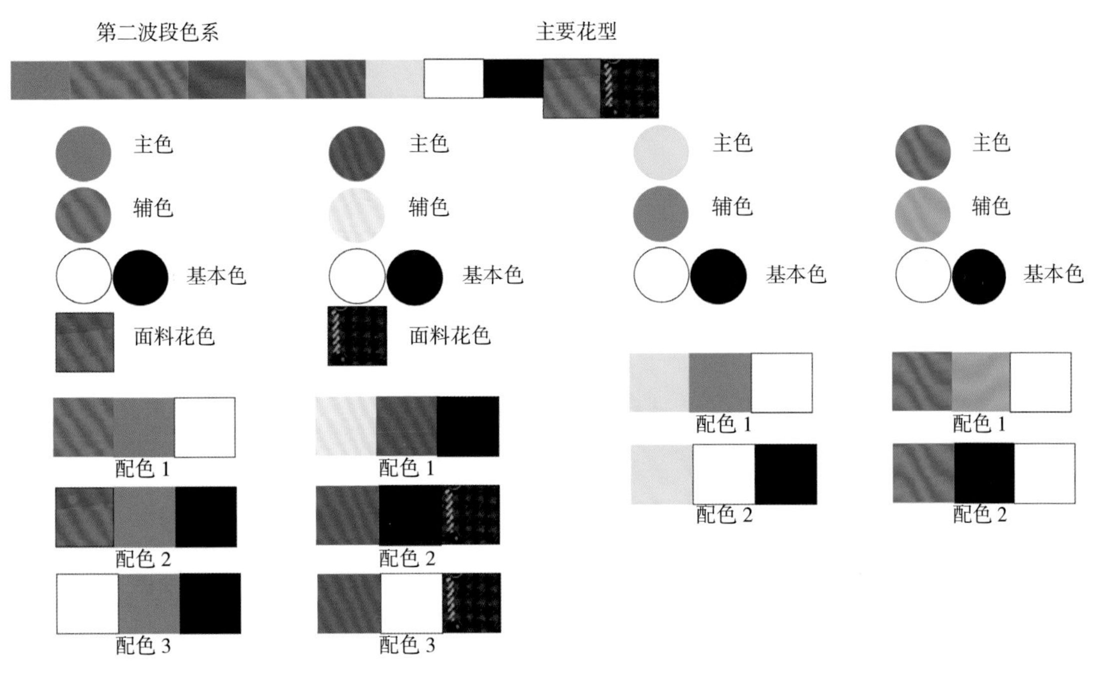

图 8-4　陈列手册波段色系及配色规划 2 制作

另外对分波段对每一波段橱窗、中岛陈列的服装主推款式和搭配方式进行规划和指导，这里指的橱窗、中岛陈列规划是指在每一波段上货时，服装搭配的陈列手法，橱窗、中岛内的服装要求以本季的主推款和形象款为主，以吸引消费者的视线，如图 8–5、图 8–6 所示。

最后对每一时间段仓位的陈列色系进行规划和指导，在仓位陈列规划时，不仅要对每个

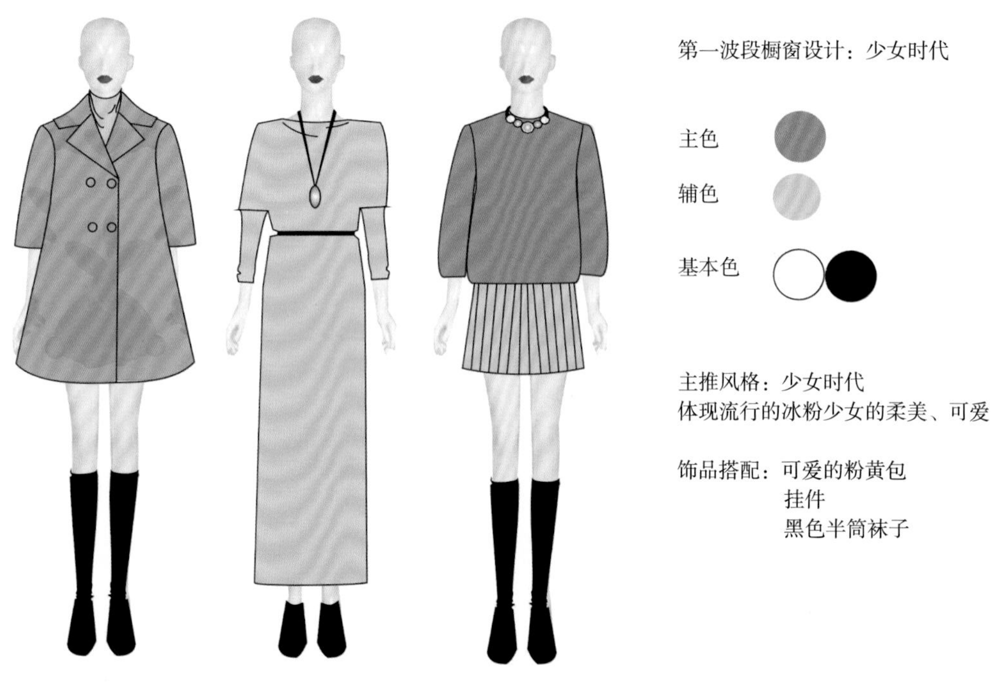

图 8–5 第一波段橱窗服饰搭配规划

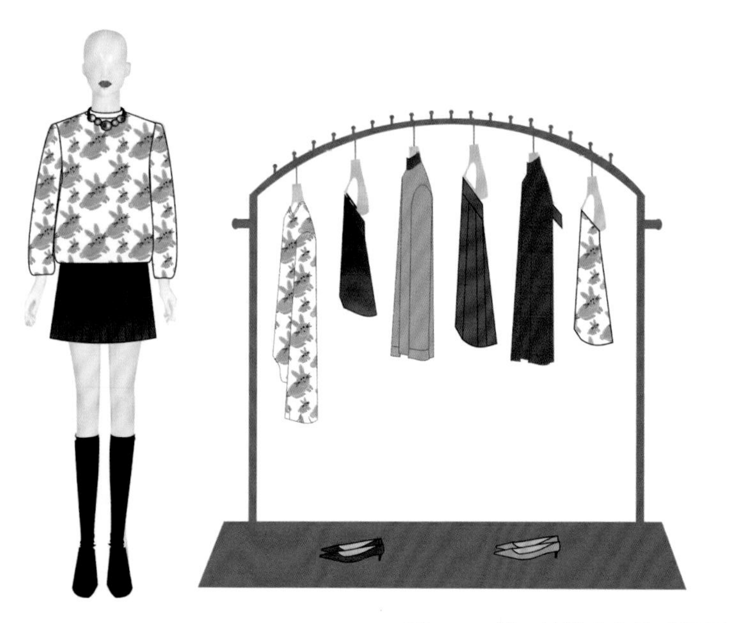

图 8–6 第一波段中岛陈列规划

仓位的服装陈列方式进行规划和指导，还要进行 SKU 的核算，如图 8–7、图 8–8 所示。

图 8–7　陈列手册仓位设计 1 制作

图 8–8　陈列手册仓位设计 2 制作

在制作陈列手册前需要品牌在各店铺订货（代理商为主）或发货（直营店）期间，就要给代理商和直营商该季货品的主推款式和必订款式，以保证终端卖场形象的完整性。因为搭配销售、搭配陈列比单品陈列更有价值。在陈列手册制订时，考虑到每个店铺实际的店铺位置和销售区域，消费群体不尽相同，制订陈列手册时尽可能根据南北方不同的区域和销售对象进行多种搭配形式的指导；另外，店铺内的货品是动态的，尤其是好的货品销售快，在店铺内会存在缺货、无货现象，波段搭配时也要考虑备选的搭配服装。当然，培养陈列执行人员和店务人员自身搭配修养是最为重要的。

（三）服装卖场搭配手册制作与内容

服装卖场搭配手册有三种版本。

第一种版本是品牌专门为当季服装所拍的形象大片。拍摄形象大片的服装是品牌下一季产品中主推的设计感强的服装，选择室外或者室内拍摄，搭配手册里的内容与服装设计主题相对应。

拍摄形象大片品牌要借助专业的策划团队、拍摄团队、平面设计团队来协作，有些品牌会专门聘请明星提高品牌的宣传力度。

这一类的搭配手册主要用于品牌拓展和品牌形象推广。一般情况下，高端的服装品牌会将这一类的搭配手册寄给老客户或存放在店铺内分发给消费者，如图 8-9、图 8-10 所示。

第二种版本是品牌专门为当季产品所拍摄的平面搭配手册。包含了当季产品的所有服装进行搭配（对于一些快时尚品牌来说，由于货品数量大，不可能每件服装都进行搭配，但

图 8-9　某童装品牌 2016 春时装形象片 1

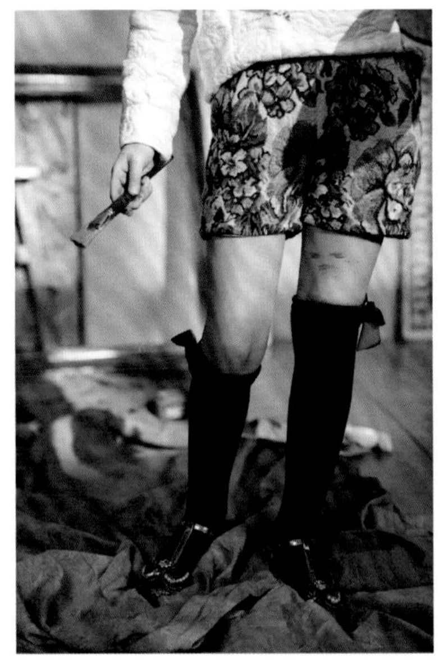

图 8-10 某童装品牌 2016 春时装形象片 2

是会有搭配指导性的意见）。每套服装的搭配都有详细的货品、货号、色系信息，以告知店员和消费者本季服装的搭配方法。这种搭配手册只限于陈列师和店员使用，属于内部搭配指导手册，消费者只能看而不能带走。图 8-11、图 8-12 所示的内容是搭配手册中的图片。

第三种版本是品牌在每个时间段上货时根

图 8-11 某童装品牌 2016 春 / 夏搭配图片 1

据每个时间段的服装所做的搭配手册。这种搭配手册在形式上、内容上更为丰富、直观，并且一衣多搭，实用性强，宣传性强，可以直接告知消费者服装多样的搭配方式，这类搭配手册越来越受到品牌和消费者的喜欢。这一类搭配手册是快时尚品牌 H&M 经常会采用的，如图 8-13 所示。

图 8-12　某童装品牌 2016 春 / 夏搭配图片 2

图 8-13　一衣多搭

第二节　陈列执行管理

服装卖场手册制订好之后，需要陈列师和督导两个工作岗位的人员执行管理。当然有些品牌两个工作岗位合而为一，根据品牌具体情况实施。需要说明的是，陈列师岗位分成两种，一种是陈列研发型，是先前研发店铺形象和橱窗形象以及制订服装卖场手册的陈列师；另一种则是根据服装卖场手册在店铺里实际执行陈列的陈列师。督导是督促和指导店铺店务人员工作和店铺管理的人员。

一、品牌形象执行管理

品牌形象执行管理包含店铺卫生管理、店员形象管理、陈列维护管理等。

二、陈列执行管理内容

在陈列师每到一个店铺进行陈列之前，需要与店长进行沟通，了解店铺货品的销售情况；进店消费群体情况；货品的库存情况，了解一些店铺信息后再作陈列的调整与执行。

比如某品牌的陈列师与店长进行实际沟通后，发现裤子在该店铺销售不错，于是专门设立裤子陈列仓位，以便消费者能更便利地选择。

在这里需要特别说明的是，国内有些品牌店铺到了换季的时候，店铺里的形象色系混杂，显得比较乱。国外品牌的做法是在新一季产品开发中，会沿续上一季产品中卖得较好的色系，跟新一季产品的色系有个衔接，整个店铺看起来就比较整齐。

参考文献

[1] 唐纳德·A·诺曼. 设计心理学 [M]. 梅琼，译. 北京：中信出版社，2010.

[2] 金日龙. 色彩设计 [M]. 台北：佳魁资讯股份有限公司，2011.

[3] KIM JUNG HAE . 设计心 [M]. 陈品芳，译. 台北：博硕文化股份有限公司，2012.

[4] 原研哉. 设计中的设计 [M]. 桂林：广西师范大学出版社，2010.

[5] 罗伯特·克雷. 设计之美 [M]. 济南：山东画报出版社，2010.

[6] 崔京远. 设计·人生 [M]. 北京：人民邮电出版社，2011.

[7] 理查德·韦伯斯. 色彩的秘密 [M]. 郑峥，译. 西安：西安出版社，2010.

[8] 原田玲仁. 每天懂一点色彩心理学 [M]. 郭勇，译. 西安：陕西师范大学出版社，2011.

[9] 杰米·琳. 不可思议的色彩能量书 [M]. 贾毓婷，纪春莲，译. 北京：新世界出版社，2012.

[10] 乔安·埃克斯塔特，阿莉尔·埃克斯塔特. 色彩的秘密语言 [M]. 史亚娟，张慧琴，译. 北京：人民邮电出版社，2015.

[11] 张剑峰. 男装产品开发 [M]. 北京：中国纺织出版社，2012.

[12] 爱娃·海勒. 色彩的性格 [M]. 吴彤，译. 北京：中央编译出版社，2011.

[13] 苏珊娜·哈特，约翰·莫非. 品牌圣经 [M]. 高丽新，译 . 北京：中国铁道出版社，2006.

[14] 杨琴. 企划经理日智 [M]. 北京：机械工业出版社，2006.

[15] 刘鑫. 定位决定成败 [M]. 北京：中国纺织出版社，2007.

[16] 约翰·T·德鲁，萨拉·A·迈耶. 色彩管理 [M]. 连冕，张鹏程，译. 北京：中国青年出版社，2007.

[17] 南云治嘉. 色彩战略——色彩设计的商业应用 [M]. 北京：中国青年出版社，2006.

[18] 迈克尔·R·所罗门. 消费者行为学 [M]. 卢泰宏，杨晓燕，译. 北京：中国人民大学出版社，2009.

[19] 金顺九，李美荣，穆芸. 视觉·服装 [M]. 穆芸，译. 北京：中国纺织出版社，2007.

[20] 崔彩焕. 全程掌握服装营销 [M]. 严正爱，李兰，译. 北京：中国纺织出版社，2009.

[21] 缪唯. 商品展示环境色彩设计 [M]. 北京：中国纺织出版社，2008.

[22] 特列沃·兰姆，贾宁·布里奥. 剑桥年度主题讲座色彩 [M]. 刘国彬，译. 北京：

华夏出版社，2011.
[23] SOUVENIR DESIGN. 日系配色这样搭 平面设计更出色 [M]. 杨家昌，译. 台北：城邦文化事业股份有限公司，2013.
[24] 小林重顺. 色彩心理探析 [M]. 南开大学色彩与公共艺术研究中心，译. 北京：人民美术出版社，2006.
[25] 金容淑. 设计中的色彩心理学 [M]. 武传海，曹婷，译. 北京：人民邮电出版社，2011.
[26] 约瑟夫·阿尔伯斯. 色彩构成 [M]. 李敏敏，译. 重庆：重庆大学出版社，2012.
[27] ArtTone 视觉研究中心. 配色设计魔法 [M]. 台北：佳魁资讯股份有限公司，2013.